U0461190

高职高专食品类专业系列教材

GAOZHI GAOZHUAN SHIPINLEI ZHUANYE XILIE JIAOCAI

食品生物化学
与应用 （第3版）

主　编 ◇ 魏强华

副主编 ◇ 姬玉梅　姚　莉　丘　燕

参　编 ◇（排名不分先后）

司徒满泉　栗瑞敏　罗雯诗

重庆大学出版社

内容提要

食品生物化学主要研究食品成分的组成、结构、性质、在食品加工保藏过程中的化学变化及物质代谢。本书结合国家食品安全战略及推动健康中国建设需要，以培养应用型人才为目标，按照工学结合模式、项目教学法、任务驱动法编写而成，内容涵盖糖类、蛋白质、脂类、水、矿物质、维生素、酶、食品色香味化学、核酸、物质代谢等。本书提供微课视频、课件、教材、习题等电子资源；书中配有微课视频、拓展资源的二维码，方便学生扫码观看；设置思考练习、项目测试题、综合测试题，便于学生课外自主学习，习题相关参考答案可在重庆大学出版社官网下载。

本书适合作为高职高专食品检验检测技术、食品智能加工技术、食品质量与安全、食品营养与健康、食品贮运与营销等专业的教材，同时也可作为企业技术人员、食品安全科普志愿者的参考用书。

图书在版编目(CIP)数据

食品生物化学与应用／魏强华主编. -- 3 版.
重庆：重庆大学出版社，2025.1. -- (高职高专食品类
专业系列教材). -- ISBN 978-7-5689-4920-0
Ⅰ. TS201.2
中国国家版本馆 CIP 数据核字第 2025VC8247 号

食品生物化学与应用
SHIPIN SHENGWU HUAXUE YU YINGYONG
（第 3 版）

主　编　魏强华
副主编　姬玉梅　姚　莉　丘　燕
策划编辑：袁文华

责任编辑：张红梅　　　版式设计：袁文华
责任校对：刘志刚　　　责任印制：赵　晟

*

重庆大学出版社出版发行
出版人：陈晓阳
社址：重庆市沙坪坝区大学城西路 21 号
邮编：401331
电话：(023) 88617190　88617185(中小学)
传真：(023) 88617186　88617166
网址：http://www.cqup.com.cn
邮箱：fxk@ cqup.com.cn (营销中心)
全国新华书店经销
重庆正文印务有限公司印刷

*

开本：787mm×1092mm　1/16　印张：12.5　字数：298 千
2015 年 7 月第 1 版　2025 年 1 月第 3 版　2025 年 1 月第 6 次印刷
印数：9 281—12 280
ISBN 978-7-5689-4920-0　定价：39.00 元

本书如有印刷、装订等质量问题，本社负责调换

版权所有，请勿擅自翻印和用本书
制作各类出版物及配套用书，违者必究

前 言
Foreword

　　食品生物化学主要研究食品成分的组成、结构、性质、在食品加工保藏过程中的化学变化及物质代谢。食品生物化学课程是高职高专食品检验检测技术、食品智能加工技术、食品质量与安全、食品营养与健康、食品贮运与营销等专业的专业基础课程,内容涵盖糖类、蛋白质、脂类、水、矿物质、维生素、酶、食品色香味化学、核酸、物质代谢等。

　　现有的高职高专食品生物化学或生物化学教材往往是本科教材的压缩,内容烦琐,重点不突出;理论知识繁多,缺少实际应用案例,可读性不强;没有与学生今后的工作岗位结合,也没有紧扣国家政策;缺乏校外专业实践形式。

　　基于已有同类教材的不足,本次修订作了如下改进:

　　1.按照高职"理论必需、应用为主"的要求,紧扣学生今后工作岗位(检验员、品控员、营养师、销售员等)需要,重构课程体系,对教学内容进行精简和优化,突出重点和应用,通俗易懂,以适应高职学生的学习能力和实际需要。

　　2.积极开展课程思政,在每个任务中融入课程思政元素,提升学生的职业道德水平,强化法律意识、社会责任感,厚植爱国主义情怀。

　　3.采用案例教学,将食品加工、食品检验、食品安全、营养健康、食品创新等内容和实际应用融入课堂,引导学生思考如何将所学知识应用在工作岗位和生活中,同时举一反三,启发学生的创新思维。

　　4.结合应用案例,引入微课视频,把难懂的食品生物化学知识变得形象生动。在教学中,不仅开设课程实验,强调理论与实践相结合,而且鼓励学生开展自主实验,发现身边的各种食品问题,设计研究内容,开展实验操作、拍摄视频,并汇报展示。

　　5.响应国家的食品安全战略,将典型的食品安全案例融入项目任务,培养学生遵纪守法的意识;结合"1+X"可食食品快速检验职业技能等级证书要求,增加食品安全快速检测项目;倡导因地制宜地开展食品安全科普活动,与食品生物化学知识、实验相互融合。鼓励全国高校依托食品类专业的人才、技术优势,成立食品安全科普志愿团队,深入中小学、社区开展食品安全科普活动,学以致用。

　　6.响应国家的健康中国战略,结合公共营养师职业技能等级证书考试要求,融入食品营养与健康知识和案例,如膳食纤维、糖尿病与人体健康等,引导学生树立合理饮食观念,养成健康的生活习惯。

7.在学银在线、超星学习通平台上建立精品在线开放课程——食品生物化学,提供微课视频、课件、教材、习题等电子资源;书中配有微课视频、拓展资源的二维码,方便学生扫码直接观看;设置思考练习、项目测试题、综合测试题,便于学生课外自主学习,习题相关参考答案可在重庆大学出版社官网下载。

本书由广东轻工职业技术大学魏强华担任主编,鹤壁职业技术学院姬玉梅、广东科贸职业学院姚莉、通标标准技术服务有限公司丘燕担任副主编,广东轻工职业技术大学司徒满泉、栗瑞敏以及通标标准技术服务有限公司罗雯诗担任参编。其中,任务1.1、任务1.2、任务2.2、任务2.3、任务3.2、任务3.3、任务4.3、任务5.1、任务5.2、任务6.1、任务6.2、任务7.2、任务7.3、任务7.4、任务8.1和附录由魏强华编写;任务2.1、任务2.4、任务4.1、任务4.2由姬玉梅编写;任务3.1、任务7.1、任务8.2、任务8.3由姚莉编写;任务9.1、任务9.2由丘燕、罗雯诗编写;任务10.1、任务10.2由司徒满泉、栗瑞敏编写。

本书适合作为高职高专食品检验检测技术、食品智能加工技术、食品质量与安全、食品营养与健康、食品贮运与营销等专业的教材,也可作为企业技术人员、食品安全科普志愿者的参考用书。

本书参考了许多书籍、期刊等,在此一并表示感谢。

由于编者水平有限,书中难免会有错误之处,恳请读者批评指正。

魏强华

2025 年 1 月

目 录
Contents

项目1 绪 论

项目描述

本项目主要介绍食品生物化学的概念、研究内容和学习方法。

学习目标

◎掌握食品生物化学的研究内容。
◎理解食品生物化学的学习方法。

能力目标

◎能用食品生物化学知识和实验,解决学生今后在工作岗位上、生活中的问题。
◎能通过网络、视频,自主学习食品生物化学课程。
◎激发学生对专业的兴趣和热爱;培养学生发现问题、分析问题和解决问题的能力。

教学提示

◎教师应提前从网上下载相关视频,辅助教学,激发学生学习该课程的兴趣。教师也可根据实际情况,开设课程实验和自主实验。

任务 1.1　概述

【思政导读】

健康是人类社会发展的基础条件,关系个人生活质量,也代表一个国家的综合实力和现代文明程度。我国正在大力实施健康中国战略。党的二十大报告提出:"要把保障人民健康放在优先发展的战略位置,完善人民健康促进政策。深入开展健康中国行动和爱国卫生运动,倡导文明健康生活方式。"

举例谈谈食品生物化学课程在健康中国战略中的作用,引导学生认识到学习食品生物化学课程的重要性,明确学习方向。

中华人民共和国
食品安全法

《中华人民共和国食品安全法》规定:食品,指各种供人食用或者饮用的成品和原料以及按照传统既是食品又是中药材的物品,但是不包括以治疗为目的的物品。

食品生物化学课程主要研究食品成分的组成、结构、性质及在食品加工保藏过程中的化学变化和物质代谢。食品生物化学是食品专业的基础课程,它对地方食品资源开发、食品废弃物利用、食品加工保藏条件选择、食品品质控制等方面具有重要作用。

食品生物化学对食品工业的影响见表1.1。

表 1.1　食品生物化学对食品工业的影响

食品工业	影响方面
果蔬加工保藏	化学去皮、护色、质构控制、维生素保留、脱涩去苦、打蜡涂膜、化学保鲜、气调保藏、榨汁、过滤澄清及化学防腐等
肉品加工保藏	宰后处理、保汁和嫩化、护色和发色、提供肉糜乳化力、凝胶性和黏弹性、超市鲜肉包装、烟熏剂的生产和应用、人造肉的生产、内脏的综合利用等
饮料工业	速溶、克服上浮下沉、稳定蛋白质饮料、水质处理、稳定带肉果汁、果汁护色、控制澄清度、提高风味、果汁脱苦、大豆饮料脱腥等
乳品工业	稳定酸乳和果汁乳、开发凝乳酶代用品、乳清的利用、乳品的营养强化等
焙烤工业	生产高效膨化剂、增加酥脆性、改善面包呈色和质构、防止产品老化和霉变等
食用油脂工业	油脂精炼、巧克力调温、油脂改性、DHA 和 EPA 的开发和利用、乳化剂的生产、抗氧化剂的使用、减少油炸食品吸油量等

食品工业	影响方面
调味品工业	生产肉味汤料、核苷酸鲜味剂、碘盐等
基础食品工业	面粉改良、精谷制品营养强化、水解纤维素和半纤维素、生产高果糖浆、改性淀粉、氢化植物油、生产新型甜味剂、生产新型低聚糖、改性油脂、分离植物蛋白质、生产功能性肽、食品添加剂生产和应用等
食品检验	检验标准的制定、快速检测、生物传感器的研制等

食品生物化学课程的学习方法包括:

(1)增强专业和课程兴趣

食品生物化学知识是与生活、生产息息相关的。本书以学生在今后的工作岗位上、生活中的问题为切入点,将专业知识融入其中,扩大学生的知识面,同时使学生掌握实际应用技术,努力培养学生的思维能力、动手能力和表达能力。

(2)明确课程的知识体系,善于归纳总结

食品生物化学知识繁多,许多食品成分的组成、结构、性质,在理解的基础上还需要归纳、总结和记忆,这样在实际应用的时候才能得心应手。

(3)注重理论联系实际

在课程教学中,一方面要求注重所学知识的实际应用,另一方面要求注重实验操作。在动手实践中,学生更容易理解和掌握食品生物化学的知识及应用。

任务 1.2　自主实验

【思政导读】

2023 年 2 月,中共中央、国务院印发《质量强国建设纲要》,提出深入实施食品安全战略,推进食品安全放心工程;严格落实食品安全"四个最严"要求,实行全主体、全品种、全链条监管,确保人民群众"舌尖上的安全"。

举例谈谈食品生物化学课程在国家食品安全战略中的作用,通过三聚氰胺、染色馒头等食品安全事件,引导学生进一步认识到学习食品生物化学课程的重要性,激发学习的主动性和积极性,培养学生遵纪守法、职业道德的意识。

为了响应国家的食品安全战略,培养学生发现问题、分析问题、解决问题的能力,调动学生参与课程资源建设的积极性,本课程安排自主实验任务。

质量强国建设纲要

要求选择一个类别：

①结合食品安全进行科普，如蔬菜农药残留快速检测卡的操作及原理、真假黑米鉴别及原理、硫酸铜返青粽叶实验等。

②结合食品问题进行探究，如无字密信的演示、牛奶遇到可乐的现象及原理等。

实验分组进行，每组2~6人，学生自由组合；实验项目要小而精，应易于实施；实验安全性高，不能开展易燃易爆实验；各组实验内容应有所区别，不要单纯地讲解营养知识。

下载资源（视频、教材等），利用课外时间或实验课时间进行实验，并编写微课视频脚本、制作视频和PPT，上台汇报（10分钟内）。

 拓展训练

民以食为天，食以安为先，食品安全至关重要。三聚氰胺、瘦肉精、染色馒头等食品安全事件影响恶劣，公众至今仍心有余悸。教育部颁布的《学校食品安全与营养健康管理规定》明确要求："学校应当加强食品安全与营养健康的宣传教育，在全国食品安全宣传周、全民营养周、中国学生营养日、全国碘缺乏病防治日等重要时间节点，开展相关科学知识普及和宣传教育活动。学校应当将食品安全与营养健康相关知识纳入健康教育教学内容，通过主题班会、课外实践等形式开展经常性宣传教育活动。"食品安全应以食品安全科普教育为先、预防为主，已成为政府和社会公众的共识。

学校食品安全与
营养健康管理规定

目前，中小学生存在的食品安全意识淡薄、食品安全能力不足等问题不容忽视，如对校园周边的"五毛零食"、饭前便后洗手、隔夜菜等存在错误认识，容易造成食源性疾病。因此，处于行为习惯养成重要时期的中小学生，应成为食品安全科普教育的重点对象。

各高校应立足本校的食品相关专业，发动在校大学生组建专业志愿服务协会（如食品安全科普队或科普协会），面向中小学生开展食品安全科普教育活动，通过传授食品安全科学知识，培养良好的食品安全与卫生习惯，从而提高中小学生的食品安全意识和能力，并通过中小学生带动家庭食品安全水平的提高，以减少食源性疾病的发生，提高我国食品安全水平。同时这还有助于提高在校大学生的专业实践能力、社会服务能力，促进学校食品专业的发展。

请思考：

1.高校食品专业大学生能否胜任食品安全科普教育？

2.高校食品安全科普队（或科普协会）需要哪些组织架构？

3.面向中小学生，适合开展哪些食品安全科普教育项目？

4.能否与中小学生的科学课结合，通过拓展食品生物化学实验，增强食品安全科普活动的吸引力？

思考练习

  2017年2月,几段"塑料紫菜"视频在网上广泛传播,视频中提到"所购紫菜看起来像黑色塑料,扯不断、嚼不烂",就此断言是用黑色塑料袋假冒生产的,造成消费者恐慌,同时紫菜生产企业的销售和声誉受到严重影响。后证实视频内容不实。试从食品生物化学角度分析,如何确定紫菜不是用黑色塑料袋假冒生产的。

项目2　糖　类

项目描述

本项目主要介绍单糖、低聚糖和多糖的结构、性质、在食品加工保藏中的应用。

学习目标

◎掌握糖类的概念、分类。

◎掌握单糖、低聚糖和多糖的结构及其与食品加工保藏有关的性质。

能力目标

◎能掌握单糖、低聚糖和多糖在食品加工保藏中的应用。

◎能通过网络、视频,自主学习糖类化学。

教学提示

◎教师应提前准备相关视频辅助教学;教师也可以根据实际情况,开设糖的颜色反应、还原作用、淀粉与碘的呈色反应等实验。

任务 2.1　糖类概述

【思政导读】

在我国北方,很多农民将玉米芯当柴烧或丢弃,资源利用率低,而且很容易就造成了环境污染。有的企业与高校、科研院所合作,通过科技攻关,开发出对玉米芯中的木聚糖进行提取、酶解、精制等工艺,加工出低聚木糖等高附加值产品,变废为宝。

谈谈在玉米芯变废为宝的过程中涉及哪些食品生物化学知识,引导学生充分认识到科技创新在食品废弃物利用、生态环境保护方面的重要作用,提高学生对专业知识的兴趣和学习专业知识的积极性。

糖类是一切生命体维持生命活动所需能量的主要来源。日常食用的蔗糖、粮食中的淀粉、植物体中的纤维素、人体血液中的葡萄糖等均属于糖类。

2.1.1　糖类概念

糖类又称碳水化合物,是多羟基醛或多羟基酮及其缩聚物、衍生物的总称。

葡萄糖(己醛糖)　　　　半乳糖(己醛糖)　　　　果糖(己酮糖)

2.1.2　糖类分类

1)单糖

单糖是指不能水解成更小分子的多羟基醛或多羟基酮。常见的单糖有葡萄糖、果糖、半乳糖、木糖等。

按碳原子数目,单糖可分为丙糖、丁糖、戊糖、己糖等,如葡萄糖、果糖和半乳糖属己糖。按官能团结构,单糖又可分为醛糖和酮糖。多羟基醛称为醛糖,多羟基酮称为酮糖,如葡萄糖为己醛糖、果糖为己酮糖。

葡萄糖与果糖、甘露糖、半乳糖互为同分异构体(分子式相同,但分子结构式不同)。天然的葡萄糖,无论是游离的还是结合的,均属 D-型。

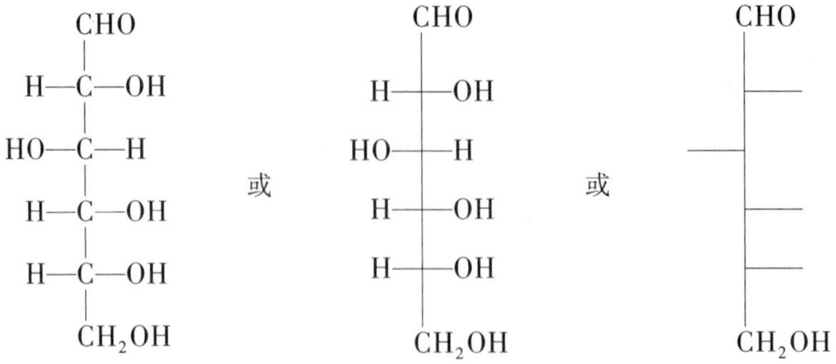

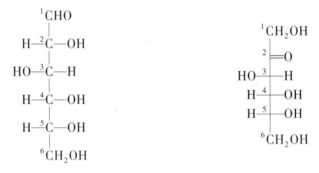

D-葡萄糖(开链结构,也称费歇尔投影式结构)

（1）单糖的构型

单糖分子中碳原子的编号方法为:醛糖从醛基的碳原子开始编号,第 1 个碳原子用^{1}C 表示,其他碳原子依次用^{2}C,^{3}C,^{4}C,^{5}C,^{6}C 等表示;酮糖从距酮基最近的碳原子一端开始编号。其中,手性碳原子是指与 4 个各不相同的原子或基团相连的碳原子。

单糖的构型(D-型、L-型)是以距醛基或酮基最远的手性碳原子为标准,由羟基的位置来判断。最高编号的手性碳原子上的羟基在左边的为 L-型,在右边的为 D-型。

D-葡萄糖(开链结构)   D-果糖(开链结构)

（2）单糖的环状结构

单糖的开链结构不稳定,在结晶状态和生物体内主要以环状结构存在,并形成半缩醛羟基。环状结构可分为平面环结构和透视环结构,根据半缩醛羟基的位置,又可以分为 α-型和 β-型两种。

例如,在透视环结构中,半缩醛羟基在环的下方者为 α-型,即 C$_1$—OH 与 C$_5$—CH$_2$OH 异侧为 α-型;在环的上方者为 β-型,即 C$_1$—OH 与 C$_5$—CH$_2$OH 同侧为 β-型。

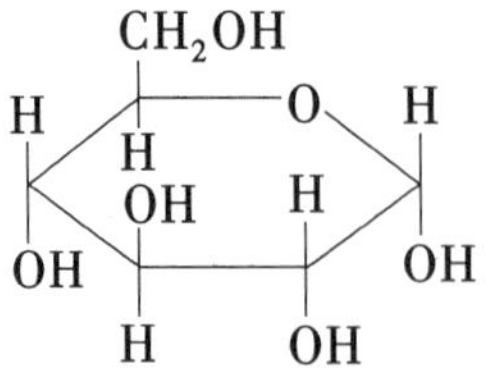

α-D-葡萄糖(透视环结构) 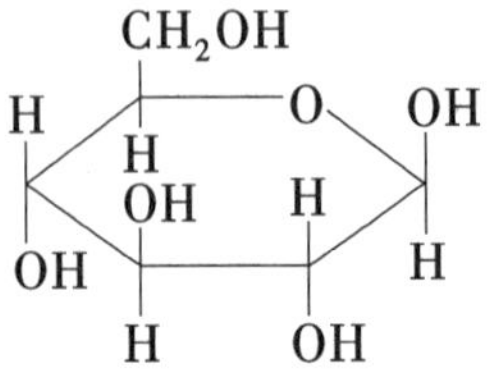   β-D-葡萄糖(透视环结构)

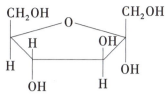 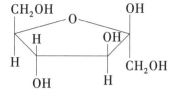

α-D-葡萄糖(透视环结构)　　　β-D-葡萄糖(透视环结构)

【任务】写出 β-D-果糖顺时针旋转 180°的结构式。

2)低聚糖

低聚糖(也称寡糖)是指能水解成 2~10 个单糖分子的糖。例如,二糖又称双糖,能水解为 2 分子单糖,如蔗糖、麦芽糖、乳糖。

(1)蔗糖

蔗糖由 1 分子 α-葡萄糖 C_1 上的半缩醛羟基与 1 分子 β-果糖 C_2 上的半缩醛羟基脱水,以 α,β-1,2-糖苷键连接而成。由于蔗糖分子中不存在半缩醛羟基,因此蔗糖是一种非还原糖。蔗糖广泛分布于植物体内,特别是甘蔗、甜菜中含量高。蔗糖是人们日常食用的白砂糖、绵糖、冰糖、红糖的主要化学成分。

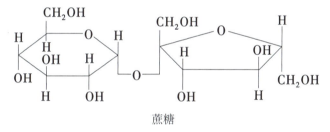

蔗糖

【思考】蔗糖的分子量是多少?

(2)麦芽糖

麦芽糖由 1 分子 α-D-葡萄糖 C_1 上的半缩醛羟基与另 1 分子 α-D-葡萄糖 C_4 上的羟基脱水,以 α-1,4-糖苷键连接而成。

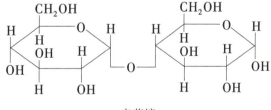

麦芽糖

由于麦芽糖分子中仍有一个半缩醛羟基,因此具有还原性,能还原斐林试剂,是一种还原性二糖。麦芽糖因最初是用大麦芽(富含 β-淀粉酶)作用于淀粉制得而得名。

(3)乳糖

乳糖由 1 分子 β-D-半乳糖 C_1 上的半缩醛羟基和另 1 分子 β-D-葡萄糖 C_4 上的羟基脱

水，以 β-1,4-糖苷键连接而成。乳糖是哺乳动物乳汁中的主要碳水化合物。

【任务】写出乳糖的透视环结构。

3）多糖

多糖是指可水解为 10 个以上单糖分子的糖。由相同的单糖组成的多糖称为同多糖，如淀粉、纤维素；由不同的单糖组成的多糖称为杂多糖，如半纤维素、香菇多糖。多糖一般不溶于水，无甜味，不能形成结晶，无还原性。

4）结合糖

结合糖也称复合糖或糖的衍生物，是糖与非糖物质的结合物，如糖脂、糖蛋白、糖胺、糖酸等。

高级技术

功能性低聚糖不被人体消化吸收，其主要功能是进入大肠作为双歧杆菌等益生菌的增殖因子，改善人体内肠道菌群平衡，润肠通便。目前，已研究开发成功的功能性低聚糖有 70 多种，主要有低聚木糖、低聚果糖、低聚异麦芽糖、低聚半乳糖、低聚壳聚糖等。

低聚木糖又称木寡糖，是由 2~7 个木糖分子以 β-1,4 糖苷键连接而成的功能性低聚糖。每日摄入少量（0.7~1.4 g/d）低聚木糖，即可显著地促进肠道双歧杆菌的增殖活性，抑制有害菌的繁殖。同时，双歧杆菌等益生菌利用低聚木糖产生大量的短链脂肪酸，能刺激肠道蠕动，增加粪便湿润度，从而防止便秘发生。

 思考练习

1.蔗糖在蔗糖酶的作用下水解为葡萄糖和（　　）。

　　A.麦芽糖　　　　　　B.半乳糖　　　　　　C.乳糖　　　　　　D.果糖

2.根据化学结构，碳水化合物是一类（　　）的化合物。

　　A.多羟基酸　　　　　　　　　　B.多羟基醛或酮

　　C.多羟基醚　　　　　　　　　　D.多羧基醛或酮

3.临床上所称的血糖，是指血液中的（　　）。

　　A.半乳糖　　　　　　B.果糖　　　　　　C.葡萄糖　　　　　　D.蔗糖

任务 2.2 单糖和低聚糖的性质

【思政导读】

1849 年,德国化学家赫尔曼·冯·斐林(Hermann von Fehling)发明了斐林试剂。斐林试剂为深蓝色溶液,与可溶性的还原糖(葡萄糖、果糖和麦芽糖)在加热的条件下反应,析出砖红色的氧化亚铜沉淀,常用于鉴定还原糖的存在。

为了纪念在科学历程中做出杰出贡献的科学家,人们往往用他们的名字命名相关试剂或方法,如斐林试剂、斐林试剂法测定还原糖含量。通过斐林试剂的相关介绍,引导学生认识到科学技术对人类发展的重要性,培养学生热爱科学、崇尚科学的精神。

2.2.1 单糖和低聚糖的物理性质

1)甜度

甜味是单糖和低聚糖的重要特性。糖甜味的高低称为糖的甜度。糖的甜度因糖的种类而异;糖浓度越高,甜度越高。

甜度通常以蔗糖为基准物,采用感官比较法进行评价。一般规定浓度为 10% 的蔗糖水溶液在 20 ℃ 的甜度为 1.0,其他糖在相同条件(温度、浓度等)下与之比较得出相应的甜度,称为相对甜度(也称比甜度)。常见糖类的相对甜度见表 2.1。

表 2.1　常见糖类的相对甜度(20 ℃,10%)

糖类名称	相对甜度	糖类名称	相对甜度
蔗糖	1.0	木糖醇	1.0
果糖	1.5	山梨糖醇	0.5
葡萄糖	0.7	麦芽糖醇	0.7
半乳糖	0.6	果葡糖浆(转化率42%)	1.0
麦芽糖	0.6	淀粉糖浆(葡萄糖值42%)	0.5
木糖	0.5	甘露糖	0.6
乳糖	0.3	转化糖	1.3

【思考】蜂蜜很甜,它主要含哪些糖?

2)溶解度

溶解度是指在一定温度下,溶质在 100 g 溶剂(通常为水)中达到饱和状态时所溶解的质量,其单位是 g/100 g 水。

各种单糖和低聚糖都能溶于水,果糖、蔗糖、葡萄糖尤其易溶于水,但溶解度不同。其中果糖的溶解度最高,然后依次是蔗糖、葡萄糖、乳糖等。常见糖类的溶解度见表2.2。

表 2.2　常见糖类的溶解度

糖类	20 ℃		30 ℃		40 ℃		50 ℃	
	含量/%	溶解度/[g·(100 g 水)$^{-1}$]	含量/%	溶解度/[g·(100 g 水)$^{-1}$]	含量/%	溶解度/[g·(100 g 水)$^{-1}$]	含量/%	溶解度/[g·(100 g 水)$^{-1}$]
果糖	78.94	374.78	81.54	441.70	84.34	538.63	86.94	665.58
蔗糖	66.60	199.4	68.18	214.3	70.01	233.4	72.04	257.6
葡萄糖	46.71	87.67	54.64	120.46	61.89	162.38	70.91	243.76

各种糖的溶解度随温度升高而增大,故生产中常采用热水法溶解糖,并过滤杂质,溶解速度显著加快,且有杀菌、去杂作用。溶解后的糖可以产生黏度。例如,蜂蜜浓度可以通过观察蜂蜜流下的快慢来判断。

【拓展】果蔬的糖含量(也称糖度)可用手持式折光仪或测糖仪进行测定,以便判断果蔬的成熟度和品质,进而决定是否可以采摘。例如,脐橙、猕猴桃、葡萄等水果的糖度不达标,不能提前采摘,否则水果的品质差。为了避免果农为赶早上市而提前采摘未到成熟期的水果,有的芒果、脐橙主产区会规定统一采摘时间。

蔗糖溶液的配制和糖度测定

对于大型果业公司或合作社,可以购置专用近红外检测仪进行果品糖度和酸度的无损伤检测,并进行分级,这已在脐橙、苹果、猕猴桃等果品的采后商品化处理中得到应用。

3)结晶性

结晶性是指固体溶质从饱和或过饱和溶液中析出的性质。

糖的种类不同,其结晶性也不同。蔗糖易结晶,晶体大,可以制备冰糖、白砂糖;葡萄糖也易结晶,但晶体小;转化糖、果糖较难结晶;淀粉糖浆(葡萄糖、低聚糖和糊精的混合物)不能结晶,并可防止蔗糖结晶。

在果脯蜜饯加工中,单纯使用蔗糖(且未使用柠檬酸进行转化),容易出现结晶而返砂,即产品表面出现糖霜。

4)吸湿性和保湿性

吸湿性是指糖在空气湿度较高的情况下吸收水分的性质。糖的种类不同,其吸湿性是不同的。果糖、转化糖(葡萄糖、果糖混合物)吸湿性最强,葡萄糖、麦芽糖次之,蔗糖的吸湿性最小。保湿性是指糖在较低湿度时保持水分的性质。

在果脯蜜饯的保存中,当转化糖含量达40%～50%,在低温、低湿条件下保藏时,一般不会返砂(体现糖的结晶性);但转化糖含量过高,尤其在高温高湿环境中时,则容易出现流汤(体现糖的吸湿性)。

5)渗透压

渗透压反映了溶液中溶质分子对水的吸引力。溶液浓度越高,对水的吸引力越大,溶液渗透压越高。

高浓度糖液产生高渗透压,可使微生物生长繁殖受到抑制,从而具有保存食品的作用。例如,市场上的果脯蜜饯的含糖量往往达到65%以上,主要是利用高浓度糖液的高渗透压作用达到长期保存的目的。这也是蜂蜜能长期保存的原因。

6)冰点降低

冰点是指水的凝固点,即水由液态变为固态的温度(结冰温度)。糖溶液的冰点比纯水的低,糖溶液浓度高,相对分子质量小,冰点降低多。

例如,葡萄糖降低冰点的程度高于蔗糖。因此,生产冰激凌等冷冻饮品时,使用过多葡萄糖替代蔗糖,会显著降低冰点,使得凝冻操作时间延长,同时产品的抗融性大大降低。

【思考】蜂蜜能长时间保存的原因是什么?食用和保存蜂蜜应注意哪些事项?

2.2.2 单糖和低聚糖的化学性质

1)氧化作用

所有的单糖(如葡萄糖、果糖)都是还原糖,均易被氧化成酸。

【补充】环状结构的半缩醛羟基具有与醛基等同的还原性。

以葡萄糖为例。葡萄糖在碱性、加热条件下,可与弱氧化剂(如斐林试剂,其本质是新配制的氢氧化铜)反应,醛基被氧化成羧基,葡萄糖生成葡萄糖酸,并产生砖红色的氧化亚铜沉淀。

该反应广泛用于糖的定性、定量测定中。

凡是能被斐林试剂、班氏试剂(也称本尼迪克特试剂)等氧化的糖称为还原糖,包括葡萄糖、果糖、半乳糖、麦芽糖、乳糖等。

果汁中是否含有还原糖的鉴别

果糖虽然为酮糖,但也能被斐林试剂氧化。这是因为在碱性条件下,糖会发生异构化反应,生成醛糖,醛糖不断地被消耗,平衡向醛糖方向移动,使反应持续进行。

因此,该反应必须保证是在碱性条件下进行,尤其是蔗糖或淀粉用酸水解后,需要用碱中和剩余的酸,再加入相应的斐林试剂进行还原糖的检测。

【思考】葡萄糖酸和葡萄糖酸锌的分子量分别是多少?

2）还原作用

采用催化氢化,可使糖中的醛基(或酮基)还原成醇羟基,糖生成糖醇(多羟基醇)。例如,葡萄糖被还原成葡萄糖醇(也称山梨糖醇)。

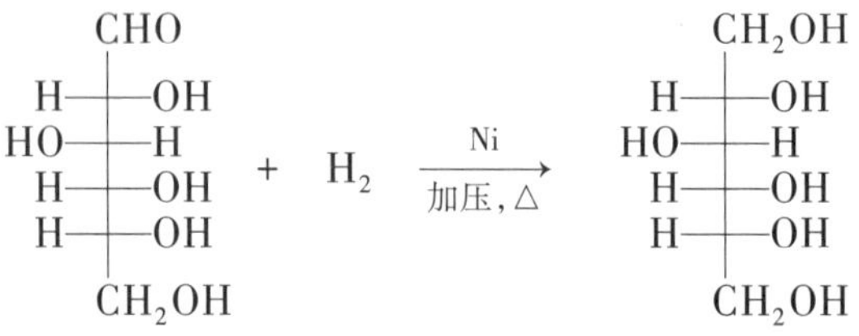

葡萄糖   葡萄糖醇

木糖经还原可得到木糖醇,木糖醇的甜度与蔗糖相近,易溶于水。

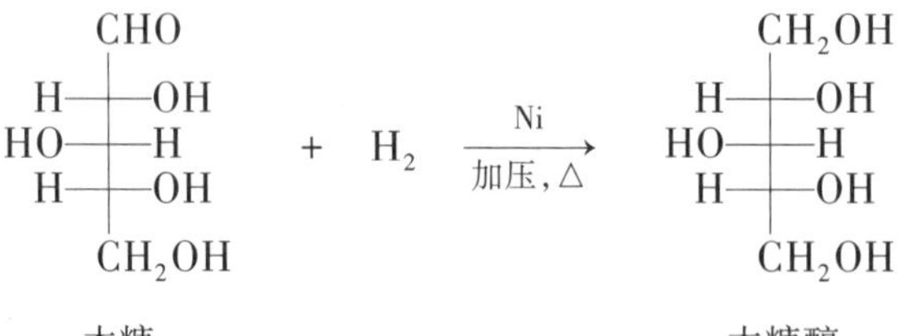

木糖   木糖醇

木糖醇广泛应用于口香糖产品中,这是因为木糖醇不是口腔微生物适宜的作用底物,甚至可以抑制口腔链球菌的生长繁殖。

此外,木糖醇、山梨糖醇等进入人体血液后,不需要胰岛素就能透入细胞,不会引起血糖升高,适合糖尿病患者食用(用作甜味剂)。

【拓展】玉米芯中的半纤维素主要由木聚糖构成。有的企业将废弃的玉米芯回收利用,开发出木糖醇等产品,大大提高了其附加值。

3）水解作用

低聚糖(蔗糖、麦芽糖等)在酸或水解酶作用下,水解成单糖。

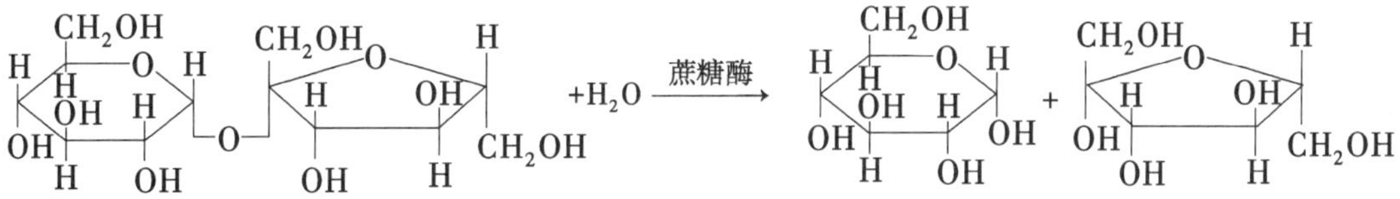

葡萄糖 + 果糖 ← 蔗糖酶 +H₂O ← 蔗糖

蔗糖　　　　　　　　　　　　　　　　　　葡萄糖　　　　果糖

例如,蔗糖在盐酸、加热条件下发生水解反应,生成葡萄糖和果糖。与蔗糖相比,蔗糖水解产物的旋光方向发生了改变,因此蔗糖的水解产物也称为转化糖。蔗糖摄入人体后,在小肠中因蔗糖酶(也称转化酶)水解成葡萄糖、果糖而被人体吸收。

蜂蜜是蜜蜂采集花蜜(蔗糖是其主要糖类物质)后,分泌转化酶将花蜜中的蔗糖进行水解而生成的转化糖。因此,蜂蜜的主要成分是葡萄糖、果糖(两者占72%以上)。不同来源的蜂蜜,其葡萄糖、果糖含量也不同。

【补充】新生产出来的蜂蜜看起来澄清透明,但实际上是有葡萄糖晶核存在的。在条件适宜的时候,这些极小的晶核便逐渐增多和长大,成为晶体并彼此连接起来,最后整个容器里的蜂蜜就会结晶成一体。

4) 脱水作用

单糖在稀酸中加热或在强酸(盐酸、硫酸等)作用下,发生内部脱水作用生成糠醛或糠醛衍生物。例如,己糖(如葡萄糖)在浓酸(或稀酸中加热)作用下生成5-羟甲基糠醛(HMF),糖液颜色加深。这是糖液(往往处于稀酸环境)长时间储存后颜色变深的原因之一。

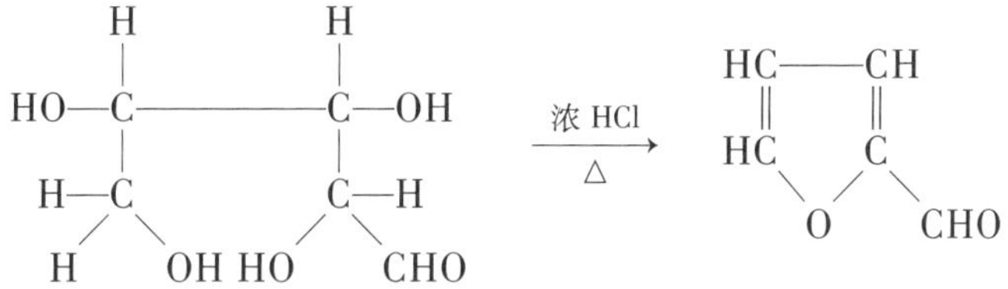

戊糖　　→(浓HCl, △)→　　糠醛

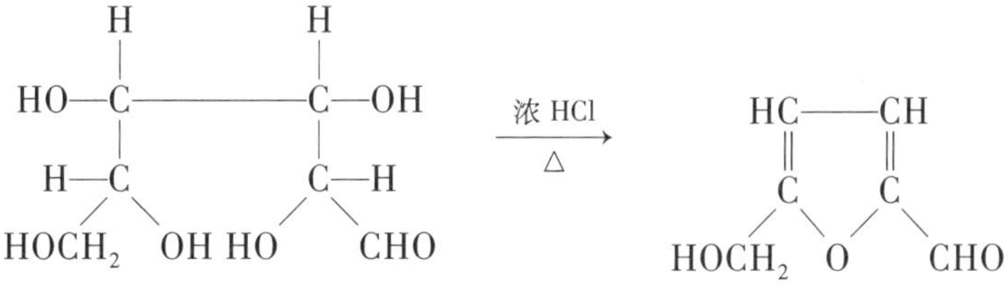

己糖　　→(浓HCl, △)→　　5-羟甲基糠醛

糠醛、5-羟甲基糠醛能与 α-萘酚、蒽酮等反应,生成有色物质,其颜色的深浅随着糖浓度升高而加深,反应灵敏,显色清晰,可用于糖的定性鉴别与定量测定。

蔗糖通过盐酸发生水解反应,生成葡萄糖、果糖混合物,其5-羟甲基糠

蜂蜜

醛含量往往较高,而通过转化酶生成的蜂蜜,其5-羟甲基糠醛含量较低。

5)成苷反应

单糖的半缩醛羟基(羟基供体)可与其他醇酚类化合物的羟基(氢供体)反应,生成的化合物称为糖苷,此反应称为成苷反应。形成的化学键(醚键),称为糖苷键。糖苷中没有半缩醛羟基,所以其化学性质比较稳定。

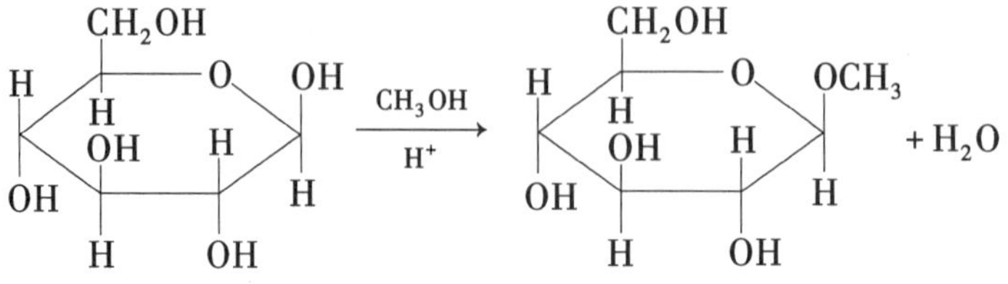

β-D-葡萄糖   β-D-甲基葡萄糖苷

糖苷可在酸或酶催化下发生水解反应。例如,苦杏仁苷的酶解反应:

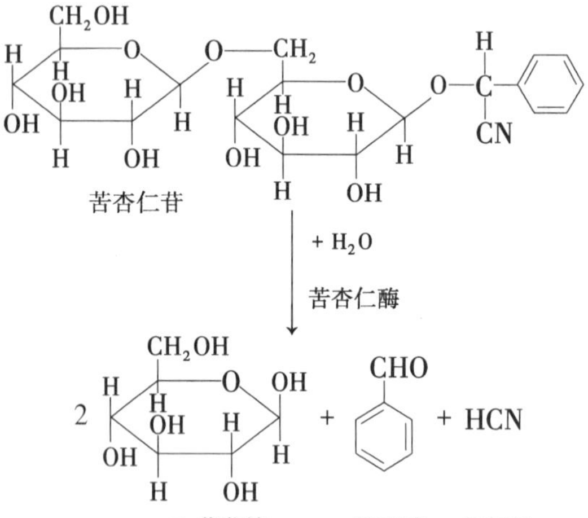

苦杏仁苷

$+ H_2O$

苦杏仁酶

D-葡萄糖   苯甲醛   氢氰酸

🖱 高级技术

木薯中含有能产生氢氰酸(HCN)的糖苷。木薯一旦进入人的胃部,就会在胃酸的作用下发生水解,产生氢氰酸,如果氢氰酸的量超过中毒剂量,就会使人体中毒。故木薯在食用前,必须经过特殊处理除去产生氢氰酸的糖苷。

氢氰酸使人体中毒的原因是:氢氰酸中的氰基(—CN)易与细胞色素氧化酶结合,阻断细胞呼吸过程中氧化与还原的电子传递,使细胞代谢停止,最后麻痹呼吸中枢致死。

思考练习

1.糖的甜度是一种相对甜度,以( )的甜度为标准。

    A.麦芽糖　　　　　　B.果糖　　　　　　　C.葡萄糖　　　　　　D.蔗糖

2.蔗糖在盐酸的作用下水解生成( )。

    A.葡萄糖　　　　　　B.果糖　　　　　　　C.乳糖　　　　　　　D.转化糖

3.蜂蜜在存放过程中会出现白色沉淀,为( )结晶,非质量问题。

    A.葡萄糖　　　　　　B.果糖　　　　　　　C.乳糖　　　　　　　D.蔗糖

4.葡萄糖在( )条件下,有弱的氧化剂存在时被氧化成葡萄糖酸。

    A.酸性　　　　　　　B.碱性　　　　　　　C.中性　　　　　　　D.无氧

5.有媒体报道"白糖水加工业盐酸生产假蜂蜜",请根据所学知识解释其原理。

任务 2.3　淀粉

【思政导读】

在一些电影、电视剧中,我们常常看到地下党组织采用无字密信来传递重要情报的情节。那么,无字密信是怎样写成的呢?其实很多是用米汤在纸上写下密信,阅读时只要在纸上涂上一些碘酒即能清晰地显现出文字。无字密信利用的就是淀粉遇碘变成蓝色的原理。

无字密信实验

在那些艰苦的岁月里,地下党组织与敌人斗智斗勇,为我们拼来了今天的和平。通过了解这些案例教会学生珍惜现在来之不易的幸福生活,增强爱国爱党情怀。

淀粉是人类的主要能量物质之一,主要来源于玉米、马铃薯、小麦、甘薯、木薯等作物,粟、稻、藕、绿豆和豌豆等也常作为淀粉加工的原料。按照淀粉来源,淀粉可分为玉米淀粉、小麦淀粉、大米淀粉、木薯淀粉、板栗淀粉等。

2.3.1　淀粉的性质

淀粉呈白色粉末状,无味(无甜味)、无臭,平均相对密度1.5。

淀粉以白色淀粉颗粒的形式存在,淀粉颗粒是淀粉分子的聚集体。它的颗粒形状和大小根据来源不同而异,如稻米淀粉的颗粒比马铃薯淀粉的颗粒小很多。

淀粉颗粒的一部分具有结晶结构(结晶区),分子排列具有规律性;另一

紫薯淀粉
分离及糊化实验

部分为非结晶结构,分子排列杂乱。淀粉分子间形成的氢键众多,导致淀粉分子间作用力较强,在一般条件下无法破坏这些作用力,因此淀粉不溶于冷水。例如,存在于冷水中的淀粉经搅拌后成为悬浊液,若停止搅拌,则淀粉颗粒又会慢慢下沉,这也是藕粉、马蹄粉制备的原理。其中,藕粉是以生莲藕为原料,经过榨汁、过滤、沉降分离、晾晒4个步骤制得,基本成分是淀粉。藕粉经凉水化开、沸水冲泡后,口感滑润,藕香浓郁,易于消化、老少皆宜。

【拓展】面筋加工中,通过冷水洗涤面团,可使淀粉与面筋分离,然后静置数小时,小麦淀粉可沉淀在底部,用于凉皮加工等。

2.3.2 淀粉的结构

天然淀粉有直链淀粉和支链淀粉两种。

1) 直链淀粉

直链淀粉是由 α-D-葡萄糖残基以 α-1,4-糖苷键缩合而成的,一般由 200~300 个葡萄糖残基构成。

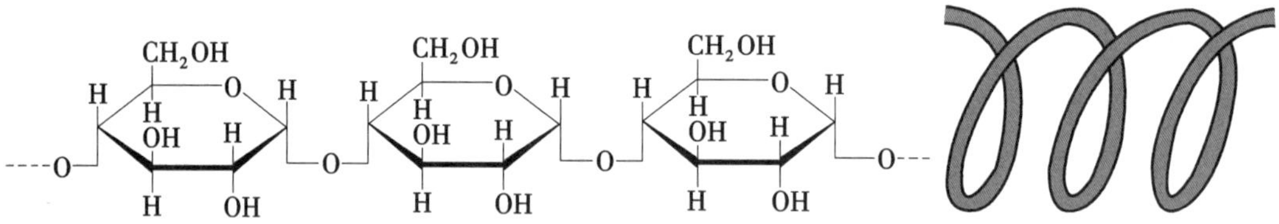

直链淀粉

2) 支链淀粉

支链淀粉的分子量比直链淀粉的大,一般由 600~6 000 个 α-D-葡萄糖残基以糖苷键缩合而成,具有高度分支结构。直链上的葡萄糖残基之间以 α-1,4-糖苷键相连;而在分支点上则以 α-1,6-糖苷键相连。

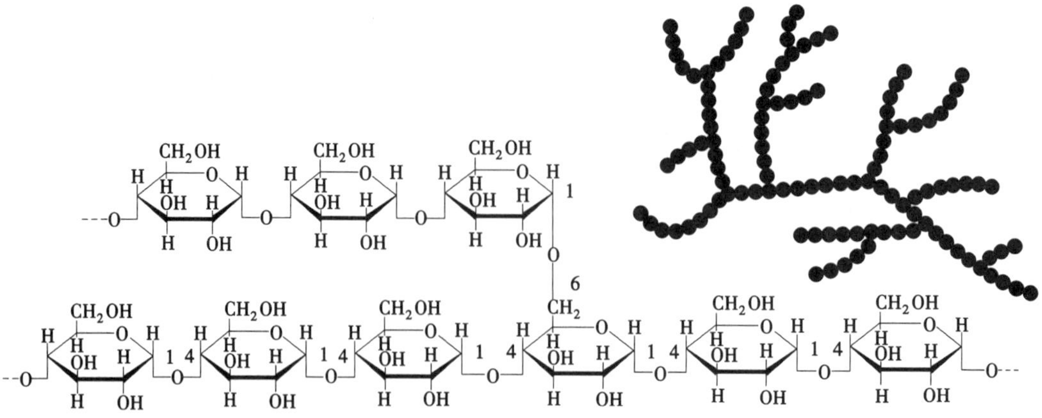

支链淀粉

直链淀粉和支链淀粉的链状部分,并不是直线结构,而是螺旋结构(分子内的氢键作用使链卷曲而成),每个螺旋含有 6 个葡萄糖残基。

2.3.3 淀粉糊化

1)淀粉糊化的概念

具有紧密结构的淀粉(未发生糊化作用)称为 β-淀粉。

将淀粉粒(β-淀粉为主)加足量水并加热,随着加热升温,淀粉粒吸水溶胀,当升高到一定温度时,体积膨胀几十倍,淀粉粒解体,分子均匀分散成黏性很大的糊状胶体溶液,这种现象称为糊化。处于这种状态的淀粉称为 α-淀粉。例如,在煮粥、勾芡过程中,加入适当的水并加热,可以使淀粉发生糊化。

若要将淮山或紫淮山榨汁喝,因其淀粉含量高,需先煮熟再加水榨汁;反之,若先加水榨汁再煮熟,则会因淮山汁黏度过大而煮煳。

淀粉糊化的本质是 β-淀粉转变为 α-淀粉,即由结构紧密、结晶的淀粉转变为结构疏松的糊化淀粉。α-淀粉结构疏松、间隙大,易被淀粉酶水解而为人体所消化。

【拓展】方便面、饼干等方便食品中的淀粉主要以 α-淀粉的形式存在。

2)影响淀粉糊化的因素

(1)淀粉的种类和颗粒大小

淀粉的种类和结构不同,糊化的温度则不同。即使同一种淀粉,因颗粒大小的不同,其糊化温度(包括开始糊化温度和完全糊化温度)也不同。表 2.3 列出了几种淀粉的糊化温度。

表 2.3　几种淀粉的糊化温度

淀粉	开始糊化温度/℃	完全糊化温度/℃	淀粉	开始糊化温度/℃	完全糊化温度/℃
粳米	59	61	玉米	64	72
糯米	58	63	荞麦	69	71
大麦	58	63	马铃薯	59	67
小麦	65	68	甘薯	70	76

(2)加热温度和加热时间

加热温度低于淀粉糊化温度时,淀粉不会糊化;超过糊化温度时,还需要一定的时间才能完全糊化。高于淀粉糊化温度时,加热温度越高,所需糊化时间就越短。例如,在高海拔地区,水沸点降低,较难把饭煮熟(淀粉糊化不完全),需采用压力锅进行加压蒸煮。

在实际食品加工中,要使淀粉充分糊化,不仅需要较高的加热温度和必需的加热时间,还需考虑食品大小、传热效果和食品品质。

【思考】日常要煮好一锅米饭,需要考虑哪些方面? 电饭煲对米饭口感影响大吗?

(3)食品含水量

食品含水量较低时,淀粉就不能发生糊化或糊化程度不充分。例如,干淀粉(水分含量低于3%)加热至180 ℃也不会糊化,而对水分含量为60%的淀粉悬浮液,70 ℃的加热温度通常就能使之完全糊化。

【拓展】日常生活中,煮饭时若加水量不足,米饭容易夹生。

(4)pH 值

一般淀粉在 pH 值为 4~7 时较为稳定;在碱性条件下易糊化,如日常生活中,一些人在煮粥时加入少量食用碱,可以使粥更加浓稠;当 pH 值小于 4 时淀粉糊的黏度将急剧下降。

(5)添加物

食品中共存的其他组分往往会对淀粉的糊化产生影响。例如,油脂能与直链淀粉形成复合物而推迟淀粉的糊化。

【拓展】通过控制淀粉的种类、浓度和糊化条件,淀粉结构可由紧密变为疏松、伸展,以形成淀粉凝胶(三维网状结构),并产生特有口感。例如,肠粉、凉粉就是利用淀粉能形成凝胶的性质加工而成的。

2.3.4　淀粉老化

1)淀粉老化的概念

经过糊化的 α-淀粉在室温或低于室温下放置后,会变得不透明甚至凝结而沉淀,这种现象称为淀粉老化,也称为淀粉回生、淀粉返生。例如,日常生活中,冷馒头和冷米饭体积变小、质地变硬就是淀粉老化造成的。

淀粉老化的本质是:α-淀粉转变为 β-淀粉,即糊化后的淀粉分子在温度降低时又自动地由无序态排列成有序态,相邻分子间的氢键又逐步恢复,失去与水的结合,形成致密且高度晶化的不溶性淀粉分子束。

老化后的淀粉不仅口感变差,而且消化吸收率也随之降低。因此,已糊化的淀粉通常应避免发生老化。控制或防止淀粉老化在食品工业中具有重要意义。

2)影响淀粉老化的因素

(1)淀粉的种类

相比支链淀粉,直链淀粉易结晶、难糊化、易老化。例如,玉米淀粉、小麦淀粉、绿豆淀粉的直链淀粉含量高,易结晶、易老化;而糯米淀粉的支链淀粉含量高,老化速度缓慢。

（2）水分含量

当食品的水分含量为30%~60%时,淀粉易老化;当水分含量低于10%或有大量水分存在时,淀粉不易老化。例如,馒头、面包的水分含量都在淀粉易发生老化的范围,冷却后易发生淀粉老化现象。

加工方便面就是将面条蒸熟后,在淀粉呈 α 状态时迅速油炸脱水干燥,使水分含量降至10%以下,固定 α-淀粉的结构状态。只要不再加水,α-淀粉结构可以保持长时间稳定。食用时,加适量热水,则淀粉可以快速恢复正常的糊化状态,方便快捷。

【拓展】油炸方便面加工中,方便面的油炸温度一般为150 ℃左右,连续油炸时间为70秒左右。

（3）温度

温度在2~10 ℃时,淀粉易老化;温度高于60 ℃或低于-20 ℃时都不易老化。为防止淀粉老化,可将淀粉糊化后的食品速冻至-20 ℃,淀粉分子间的水分急速结冰,使淀粉分子间不易形成氢键而结晶,这是制造速冻米面食品(如速冻馒头、速冻粽子)的原理。

（4）食品成分

磷脂、硬脂酰乳酸钠、单甘酯等乳化剂,可进入淀粉的螺旋结构,所形成的包合物可阻止直链淀粉分子间的平行定向、相互靠近及结合,对淀粉的抗老化很有效。

蛋白质、半纤维素、植物胶等对淀粉的老化也有减缓作用,作用机制与它们对水的保留以及干扰淀粉分子之间的结合有关。

【思考】每年端午节前后,有的消费者会购买糯米、粽叶等材料在家包粽子,再花几个小时蒸煮粽子;也有的消费者会去超市购买速冻粽子回家,蒸煮十多分钟即可食用。为什么速冻粽子的蒸煮时间远远少于自制粽子的蒸煮时间?

2.3.5 淀粉水解

【思考】为什么在吃馒头或米饭时多加咀嚼会感到有甜味?

1）概念

淀粉在酸或酶的作用下可发生水解反应。淀粉水解程度不同,其水解产物就不同,可以是糊精、麦芽四糖、麦芽三糖、麦芽糖和葡萄糖等。糊精是淀粉从轻度水解直到变成寡糖之间各种中间产物的总称。

α-淀粉酶以随机方式在淀粉分子内部水解 α-1,4-糖苷键,但不能水解 α-1,6-糖苷键,生成小分子的糊精、麦芽四糖、麦芽三糖、麦芽糖、葡萄糖等;β-淀粉酶是从淀粉分子的非还原性末端开始,依次切下一个麦芽糖单位,生成麦芽糖和糊精;葡萄糖淀粉酶也称糖化酶,能把淀粉从非还原性末端水解 α-1,4-糖苷键,生成葡萄糖;脱支酶是能催化水解葡聚糖链分支点处 α-1,6-糖苷键的酶。

α-淀粉酶和 β-淀粉酶对支链淀粉的水解作用,如图 2.1 所示。

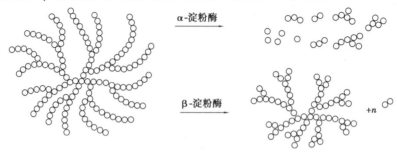

图 2.1　α-淀粉酶和 β-淀粉酶对支链淀粉的水解作用

2) 淀粉水解的方法

目前,淀粉水解的方法有酸水解法和酶水解法。

(1) 酸水解法

在加热、酸(盐酸、硫酸等)的作用下,淀粉发生水解反应,随着淀粉水解程度增加,与斐林试剂反应产生的砖红色沉淀增多。

(2) 酶水解法

在工业上,常以玉米淀粉为原料,先通过蒸汽喷射糊化、耐高温 α-淀粉酶(液化酶)液化,再用葡萄糖淀粉酶水解糖化得到 D-葡萄糖,然后用葡萄糖异构酶将部分 D-葡萄糖转变成 D-果糖,加工成果葡糖浆(淀粉糖的一种)。果葡糖浆广泛应用于饮料、冷饮(如雪糕、冰激凌)等食品中。

【补充】工业上常用葡萄糖值(DE)表示淀粉水解的程度,其定义是还原糖(按葡萄糖计)在淀粉糖浆中所占的百分数(按干物质计)。DE<20 的水解产物称为麦芽糊精。

3 种果葡糖浆的组成和相对甜度见表 2.4。

表 2.4　3 种果葡糖浆的组成和相对甜度

物质		F-42	F-55	F-90
组成	果糖/%	42	55	90
	葡萄糖/%	52	40	9
	多糖/%	6	4	1
相对甜度		1	1.1~1.4	1.5~1.6

2.3.6　淀粉与碘的呈色作用

淀粉与碘可以发生非常灵敏的呈色作用(颜色反应),直链淀粉呈深蓝色,支链淀粉呈蓝紫色。这一性质可用于淀粉的定性。日常生活中,盛放过米饭、馒头等的碗盘是否清洗干净,可以通过刷碘酒来快速鉴别。如果刷碘酒后碗盘上出现蓝色,则说明碗盘上面仍沾有淀粉,碗盘没有洗干净。

方便面与
碘液显色实验

1) 作用机理

淀粉中加入碘试剂(也称碘溶液)后,碘分子(I_2)进入淀粉螺旋结构内,形成淀粉-碘的复合物,显出蓝色。其中,每个淀粉螺旋吸附性地束缚着 1 个碘分子。

吸附了碘分子的淀粉溶液,如加热到 70 ℃及以上,由于淀粉的螺旋结构伸展开,失去了对碘的束缚,复合物解体,蓝色消失,但冷却后淀粉的螺旋结构恢复,蓝色又可重现。

碱、还原剂(如维生素 C、茶多酚)、硫代硫酸钠等可使碘分子形成碘离子,而碘离子遇淀粉不会显蓝色。

2) 淀粉水解程度

淀粉水解程度可以用淀粉水解液与碘试剂的呈色作用来表示。糊精依分子量递减的程度与碘呈色为:深蓝色→蓝色→紫红色→橙红色→橘黄色。

茶多酚对淀粉与碘
的显色反应的影响

【补充】糊精的葡萄糖残基数小于 6 个时,不能形成螺旋结构,故与碘作用时显橘黄色(碘试剂颜色);葡萄糖残基数在 30 个以上时,与碘作用呈蓝色。

高级技术

为了适应各种食品加工需要,可对天然淀粉进行相应的物理、化学或酶处理,使淀粉原有的物理性质发生一定的变化,这种经过处理的淀粉称为改性淀粉,也称为变性淀粉,如氧化淀粉、磷酸酯淀粉、醋酸酯淀粉、交联淀粉等。例如,氧化淀粉是天然淀粉经次氯酸钠氧化处理而得,糊化温度低,淀粉糊透明性好,不易老化。

思考练习

1.下列物质遇淀粉变蓝色的是(　　　)。

　　A.碘化钾　　　　　B.单质碘　　　　　C.碘酸钾　　　　　D.碘化氢

2.糊化后的淀粉更有利于消化吸收,是因为产生了(　　)。

　　A.β-淀粉　　　　　　B.直链淀粉　　　　　C.α-淀粉　　　　　　D.支链淀粉

3.α-淀粉酶和β-淀粉酶只能水解淀粉的(　　)键,所以不能使支链淀粉完全水解。

　　A.α-1,2-糖苷键　　　　　　　　B.β-1,2-糖苷键

　　C.α-1,4-糖苷键　　　　　　　　D.β-1,4-糖苷键

4.淀粉酶主要包括3类,下列不属于淀粉酶的是(　　)。

　　A.α-淀粉酶　　　　　　　　　　B.β-淀粉酶

　　C.淀粉裂解酶　　　　　　　　　D.葡萄糖淀粉酶

5.干的面条或红薯粉丝可以被点燃,是否意味着其中添加了化学物质?

6.淀粉是纯净物还是混合物?

7.淀粉溶液加入碘试剂呈蓝色,怎样让该溶液不呈蓝色?

8.吃煮熟的米饭可以感觉到甜味,而放一把生米到口中却不能感觉到甜味,为什么?

9.在食用碘盐中加入淀粉溶液,是否会出现淀粉遇碘变蓝的现象?

淀粉与
食用碘盐反应

任务 2.4　膳食纤维

2.4.1　概述

膳食纤维是指在人体小肠不被消化吸收、在人体大肠能部分或全部发酵的、可食用的非淀粉类多糖与木质素。日常食用的水果、蔬菜、燕麦是膳食纤维的重要来源。

【补充】木质素不是多糖物质,但存在于细胞壁中且难与纤维素分离,故在膳食纤维的组成中包括了木质素。人和动物均不能消化木质素。

白凉粉加工
(卡拉胶)

按溶解特性,可将膳食纤维分为水溶性膳食纤维和不溶性膳食纤维两大类。水溶性膳食纤维主要包括果胶、黄原胶、阿拉伯胶、瓜尔豆胶、卡拉胶、琼脂和树胶(如桃胶)等。不溶性膳食纤维主要包括纤维素、半纤维素、木质素、原果胶和壳聚糖等。

例如,琼脂是一种多糖,不溶于冷水,易溶于热水,容易形成坚实的凝胶(通常在 32~39 ℃)。在制作微生物培养基时,可通过添加琼脂将液体培养基转化为固体培养基或半固体培养基。

膳食纤维虽然不能被人体消化吸收,但是对人体有许多重要的生理功能,除能调节血糖和血胆固醇含量、促进排便外,还能改善大肠内菌群的构成和分布,降低癌症发生的概率,并有解毒作用。因此,膳食纤维被称为人体所需的第七营养素。

目前,制备膳食纤维的原料通常是农产品加工中产生的下脚料和废弃物,如小麦麸皮、豆渣、果皮、果渣、荞麦皮、茶渣、食用菌下脚料等。

【拓展】若某饮料的食品标签标示"富含膳食纤维",那么该饮料膳食纤维含量至少为 3 g/100 mL。

豆渣饼加工

预包装食品
营养标签通则

2.4.2　纤维素

1) 纤维素的结构

纤维素作为细胞壁的主要成分,广泛存在于高等植物中,通常和半纤维素、木质素、果胶结合在一起,是由 1 000~14 000 个 β-D-吡喃葡萄糖残基通过 β-1,4-糖苷键连接而成的直链多糖。

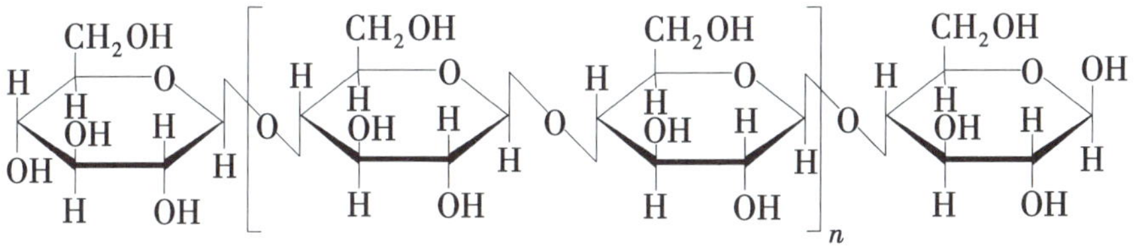

纤维素

2) 纤维素的性质

①纤维素不溶于水和一般有机溶剂(如乙醇、乙醚),但因结构中有很多亲水基团,能与水结合形成氢键,易吸水膨胀,具有良好的持水性。

②纤维素在纤维素酶(或酸)的作用下水解,可以产生纤维二糖(属于还原糖),最后生成 β-葡萄糖。例如,牛、羊等动物的肠道内共生着许多能产生纤维素酶的细菌,因此,能消化利用纤维素;而人和大多数哺乳动物体内缺乏纤维素酶,不能消化纤维素。

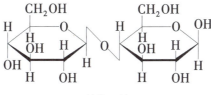

纤维二糖

③纤维素具有高持水性,它进入大肠后,可增加粪便体积、含水量,刺激肠道蠕动以加快排便速度,减少胆固醇的吸收,有助于毒素排出体外,有利于预防便秘和直肠癌等疾病。

【思考】有人提出膳食纤维可用于减肥,请你谈谈膳食纤维如何起到减肥作用?

2.4.3 果胶

果胶类物质是一类亲水性植物胶,是植物细胞壁的成分之一,存在于相邻细胞壁间的中胶层,起着将细胞黏结在一起的作用。

1)果胶类物质的分类

(1)原果胶

原果胶不溶于水。在未成熟的果蔬组织中,原果胶与纤维素、半纤维素等紧密连在一起,形成牢固的细胞壁,使整个组织比较坚硬。

(2)果胶

果胶也称可溶性果胶。随着果实成熟度的增加(果实中的果胶酶活性增大),原果胶会水解成果胶(可溶于水),果蔬组织由硬变软而有弹性。

一般所说的商品果胶是指果胶物质中的可溶性果胶,目前制备商品果胶的原料主要是苹果皮、柑橘皮(如柠檬皮)。

(3)果胶酸

当果实成熟度过高时,果胶发生去酯化反应,转化成果胶酸(也称聚半乳糖醛酸)。果胶酸不具黏性,果实变软烂,植物落叶、落花、落果等现象均与果胶酸的转化有关。

2)果胶的结构

果胶是 α-D-吡喃半乳糖醛酸基通过 α-1,4-糖苷键连接而成的聚合物,常带有鼠李糖、木糖、阿拉伯糖、海藻糖等组成的侧链,游离的羧基部分甲酯化(甲醇与羧基形成甲氧基),部分与钙、钾、钠离子结合在一起。

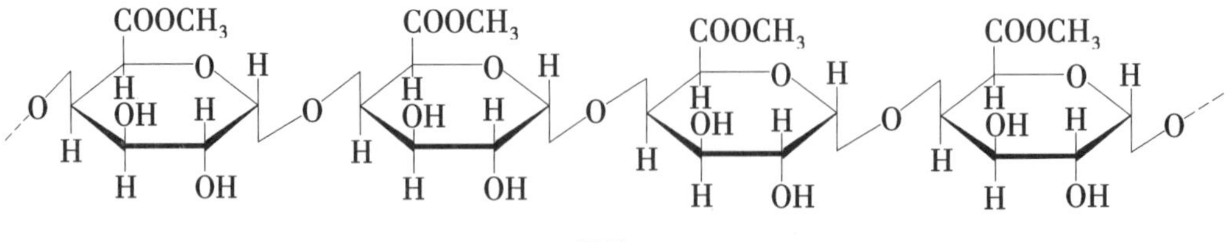

果胶

酯化的半乳糖醛酸基与总半乳糖醛酸基的比值称为酯化度。通常将酯化度大于50%的果胶称为高甲氧基果胶,而将酯化度小于或等于50%的果胶称为低甲氧基果胶。

果胶具有增稠、胶凝等作用,在果糕、水果软糖加工中发挥了重要作用。

🖱 **高级技术**

　　香蕉往往在七成熟(果皮仍为绿色)时进行采摘、运输,此时果胶类物质主要以原果胶状态存在,组织坚实,耐机械损伤。之后根据销售情况,对香蕉喷洒稀释的乙烯利水剂(如用水稀释 1 000 倍),此时乙烯利会释放出乙烯(植物激素)对香蕉进行催熟,通过激活香蕉自身的果胶酶,将原果胶转变为可溶性果胶,使香蕉逐渐成熟,果皮变黄,组织变软并有弹性。

利用乙烯利催熟香蕉是国家允许使用的技术,正常使用时不会出现香蕉果肉或果皮中乙烯利残留超标问题,食用香蕉果肉是安全的。

 思考练习

1.果胶酸主要存在于(　　　)。

　A.未成熟的果实中 B.成熟的果实中　　C.衰老的果实中　　D.所有果实中

2.以下不属于膳食纤维生理功能的是(　　　)。

　A.通便作用　　　　B.预防大肠肿瘤　C.降低血胆固醇　D.提供能量

3.下列化合物糖单位间以 α-1,4 糖苷键相连的是(　　　)。

　A.麦芽糖　　　　　B.蔗糖　　　　　C.乳糖　　　　　D.纤维素

4.膳食纤维按在水中的溶解能力分为两类,其中琼脂属于水溶性膳食纤维。(　　　)

　A.对　　　　　　　B.错

项目3 蛋白质

项目描述

本项目主要介绍氨基酸和蛋白质的组成、结构、性质及其在食品加工保藏中的应用。

学习目标

◎掌握氨基酸结构、蛋白质结构、蛋白质换算系数。
◎掌握氨基酸等电点性质、氨基酸与甲醛的反应。

能力目标

◎能掌握蛋白质和氨基酸在食品加工保藏中的应用。

教学提示

◎教师应提前从网上下载相关视频,包括蛋白质变性实验、蛋白质沉淀实验等视频,然后结合视频辅助教学。也可根据实际情况,开设蛋白质等电点测定、氨基酸纸电泳等实验。

任务 3.1　蛋白质概述

【思政导读】

2008 年,我国发生了三鹿奶粉事件,这是一起重大食品安全事故。事故起因是很多食用三鹿集团生产的奶粉的婴儿被发现患有肾结石,随后在其奶粉中发现掺有化工原料三聚氰胺。后续发现国内多家乳制品企业的乳制品中都检出三聚氰胺。该事件严重影响了消费者对国产乳制品质量的信任,影响了国内乳制品产业发展,引发了消费者对食品安全的严重担忧。

教师可从食品生物化学的角度分析为什么不法分子会在乳制品中违法添加三聚氰胺,延伸介绍国家机关对涉事企业、违法犯罪分子的处罚,拓展介绍国家、生产企业、检测机构等采取哪些措施解决三聚氰胺违法添加问题,引导学生养成遵纪守法、质量第一的意识,树立良好的职业道德。

3.1.1　蛋白质的作用

蛋白质是生命的基础,没有蛋白质就没有生命。蛋白质种类繁多、结构复杂,在人体内发挥了重要的作用,如构成机体(如肌肉组织的蛋白质、胶原蛋白等)、催化(绝大多数酶)、运输(如血红蛋白能在血浆中与氧气结合,运输氧气)、调节(如胰岛素具有调节糖代谢、脂肪代谢、蛋白质代谢的作用)、免疫(如母乳含有大量免疫球蛋白,倡导婴幼儿采用母乳喂养)等。

【补充】蛋白质占人体体重的 16%~20%,即体重为 60 kg 的成年人其体内有 9.6~12 kg 蛋白质。人体内蛋白质的种类很多,性质、功能各异,并不断进行着新陈代谢。

作为食品成分,蛋白质的营养功能主要是为生物体提供构成机体所必需的氨基酸和构成其他含氮物质的氮源。此外,蛋白质在决定食品的结构、形态以及色、香、味方面也起到了很重要的作用。

3.1.2　蛋白质的组成

蛋白质的组成元素主要有 C、H、O、N 和少量 S,有些蛋白质(如血红蛋白、酶)还含有 P、Cu、Fe、Mn、Mo、Zn、Mg、Ca 等元素。

多数蛋白质含氮量约为 16%,取其倒数 6.25,称为蛋白质换算系数。在食品检测中,广泛采用凯氏定氮法测定粗蛋白质含量,其原理就是先测定样品中的总氮量,再乘以蛋白质换算系数。

$$粗蛋白质含量(\%) = 总氮量(\%) \times 6.25$$

【思考】在蛋白质含量的测定中,凯氏定氮法存在哪些不足?

3.1.3 蛋白质的结构

构成蛋白质的常见氨基酸只有 20 种,但蛋白质种类却非常多,这是因为:①各种蛋白质所含氨基酸的种类不同、氨基酸的数目不同;②氨基酸形成肽链时,不同种类氨基酸的排列顺序千变万化;③蛋白质肽链的盘曲、折叠方式及其形成的空间结构千差万别。

一般而言,蛋白质分子的结构分为一级、二级、三级、四级结构,如图 3.1 所示。

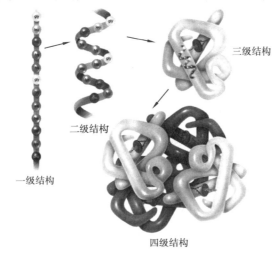

图 3.1　蛋白质的各级结构

1) 一级结构

蛋白质的一级结构又称为初级结构、基本化学结构或共价结构,指多肽链中的氨基酸顺序。在蛋白质的四级结构中,一级结构最为重要,它包含着决定蛋白质空间结构的基本因素,也是蛋白质生物功能的多样性和种属特异性的结构基础。

维系蛋白质一级结构的主要化学键为肽键。二硫键对蛋白质的一级结构也有作用。二硫键是 2 个半胱氨酸分子的巯基(—SH)脱氢形成的二硫键(—S—S—),它对稳定蛋白质分子的空间结构起着重要的作用。

2) 二级结构

蛋白质的二级结构是指肽链主链有规则地盘曲、折叠所形成的构象,不含氨基酸残基侧链的构象。维系蛋白质二级结构的主要化学键是氢键。

蛋白质的二级结构主要包括 α-螺旋、β-折叠、β-转角。

3) 三级结构

蛋白质的三级结构是指蛋白质分子在一、二级结构基础上,进行三维空间的多向盘曲、折叠而形成的特定构象。三级结构的稳定性主要靠疏水键维系。三级结构形成之后,蛋白质分子的生物活性部位就形成了。

4) 四级结构

有些球状蛋白质分子是由2个或2个以上的三级结构单位缔合而成的,通常称为寡聚蛋白。其中,每个三级结构单位称为亚基。

蛋白质的四级结构是指寡聚蛋白质分子中亚基与亚基间的立体排布及相互作用关系,并非所有蛋白质都有四级结构,如肌红蛋白无四级结构,而血红蛋白有四级结构。四级结构的稳定性主要靠亚基间的疏水键维系。只有在各个亚基缔合成完整的四级结构之后,蛋白质才能发挥正常的活性功能。

 思考练习

1.定量蛋白质时,将测得的氮的含量乘以(　　　),就可得到蛋白质的含量。

    A.16%　　　　　　　B.60%　　　　　　　C.6.25　　　　　　　D.62.5

2.蛋白质一级结构的主要化学键是(　　　)。

    A.氢键　　　　　　　B.疏水键　　　　　　C.肽键　　　　　　　D.二硫键

3.维系蛋白质α-螺旋二级结构主要靠(　　　)。

    A.二硫键　　　　　　B.肽键　　　　　　　C.氢键　　　　　　　D.疏水键

4.大多数蛋白质中氮的含量较恒定,平均为_____%,如测得1 g样品含氮量为10 mg,则蛋白质含量为_____%。

5.在三鹿奶粉事件中,不法分子为何会在原料奶中添加三聚氰胺?

任务 3.2　氨基酸的结构及性质

【思政导读】

味精以谷氨酸钠为主要成分,能够增加食物的鲜味,是一种有着百年历史的调味品。但是味精的使用也一直饱受争议,有很多人对味精有着各种各样的误解,甚至抵制使用味精。

教师可以安排学生查阅味精的相关信息,讨论如何正确认识和使用味精,培养学生的科学态度、科学精神,养成崇尚科学、实事求是的素养。

正确认识味精

3.2.1 氨基酸的结构和分类

氨基酸是构成蛋白质的基本单位。

1)氨基酸的结构

各种天然存在的蛋白质中共含有 20 种 α-氨基酸。在 α-氨基酸中,氨基都是和离羧基最近的碳原子(α-碳原子)相连的。

α-氨基酸的结构通式为:

$$\begin{array}{c} NH_2 \\ | \\ R\!-\!\overset{}{C}\!-\!COOH \\ | \\ H \end{array}$$

其中,C 为 α-碳原子,H_2N 为 α-氨基,COOH 为 α-羧基,R 为侧链基团。其中,侧链基团中碳原子依次为 β-碳原子、γ-碳原子、δ-碳原子、ε-碳原子等。

赖氨酸(α,ε-二氨基己酸)的结构式如下:

$$\begin{array}{c} NH_2 \\ | \\ H_2NCH_2CH_2CH_2CH_2\!-\!CH\!-\!COOH \end{array}$$

【任务】谷氨酸的化学名称为 α-氨基戊二酸,请写出该氨基酸的化学结构式。

2)氨基酸的分类

(1)按照氨基酸中侧链基团 R 的结构进行分类

根据氨基酸中侧链基团 R 的结构进行分类,氨基酸可分为脂肪族氨基酸、芳香族氨基酸、杂环族氨基酸 3 类。

在脂肪族氨基酸中,烃基和烃基衍生物为链状,包括甘氨酸、丙氨酸、异亮氨酸、半胱氨酸、谷氨酸、精氨酸、赖氨酸、缬氨酸等。例如,异亮氨酸(α-氨基-β-甲基戊酸)的结构式如下:

$$\begin{array}{c} CH_3 \quad NH_2 \\ | \quad\quad | \\ CH_3CH_2\!-\!CH\!-\!CH\!-\!COOH \end{array}$$

在芳香族氨基酸中,烃基和烃基衍生物中含有苯环,包括苯丙氨酸、酪氨酸、色氨酸。例如,酪氨酸(α-氨基-β-对羟苯基丙酸)的结构式如下:

$$\begin{array}{c} NH_2 \\ | \\ HO\!-\!\!\bigcirc\!\!-\!CH_2\!-\!CHCOOH \end{array}$$

在杂环族氨基酸中,烃基和烃基衍生物中含有"杂环",包括组氨酸、脯氨酸。

【任务】甘氨酸的化学名称是氨基乙酸,请写出其化学结构式。

（2）按照在人体内是否能合成分类

按照在人体内是否能合成分类,氨基酸可分为必需氨基酸和非必需氨基酸。必需氨基酸在体内不能自由合成,必须通过摄入食品供给。而非必需氨基酸在人体内可以利用一些前体物质合成,并非机体不需要。

构成人体蛋白质的氨基酸见表3.1。

表 3.1　构成人体蛋白质的氨基酸

必需氨基酸	结构式	非必需氨基酸	结构式
异亮氨酸（Ile）	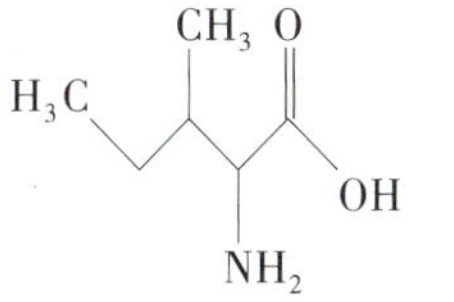	丙氨酸（Ala）	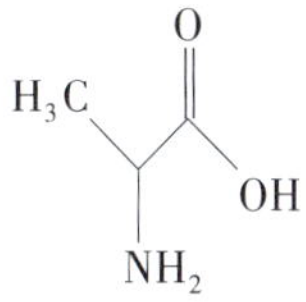
亮氨酸（Leu）	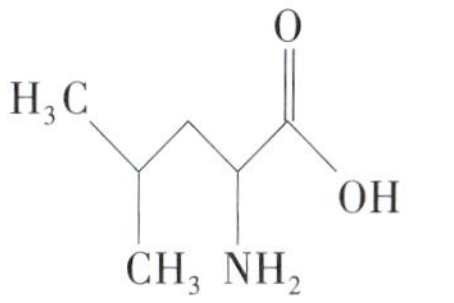	精氨酸（Arg）	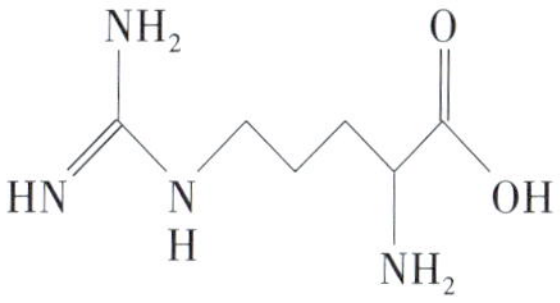
赖氨酸（Lys）	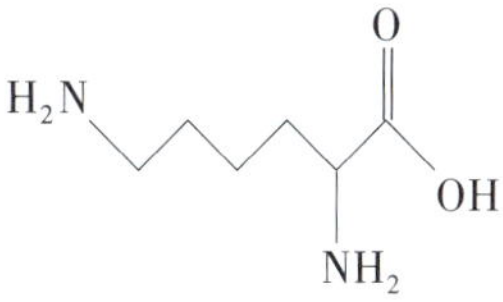	天冬氨酸（Asp）	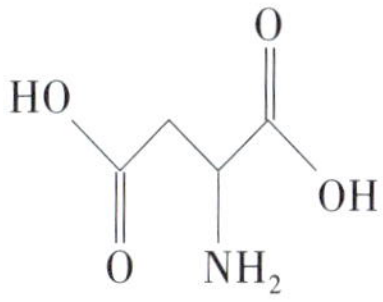
蛋氨酸(甲硫氨酸)（Met）	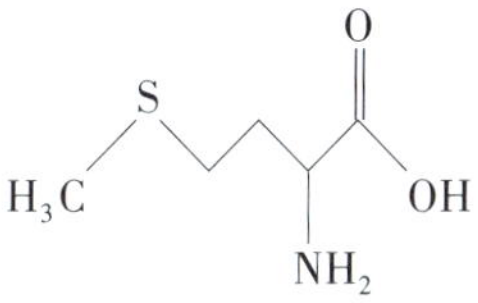	天冬酰胺（Asn）	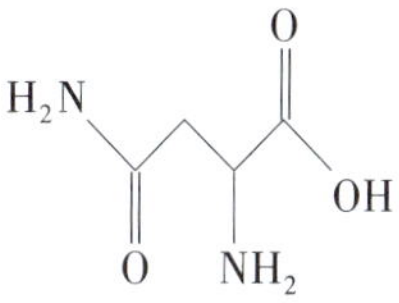
苯丙氨酸（Phe）	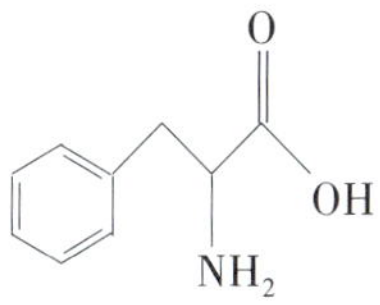	谷氨酸（Glu）	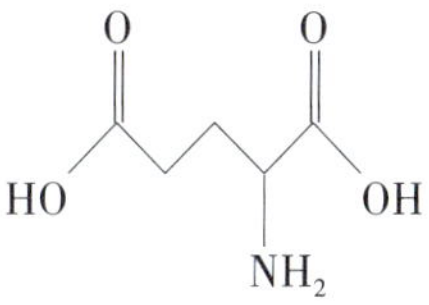
苏氨酸（Thr）	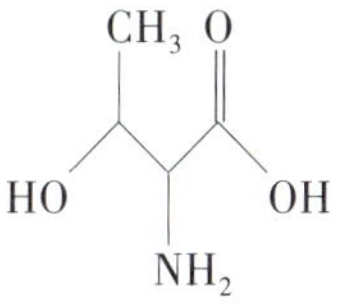	谷氨酰胺（Gln）	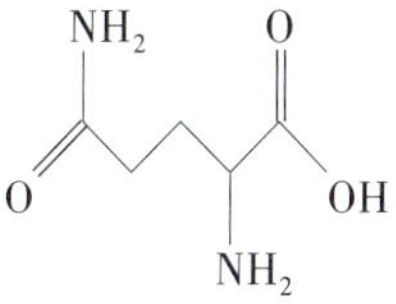

续表

必需氨基酸	结构式	非必需氨基酸	结构式
色氨酸 （Trp）	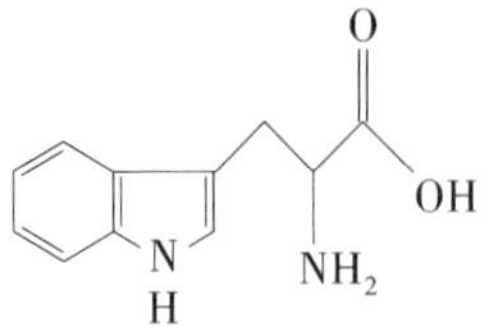	甘氨酸 （Gly）	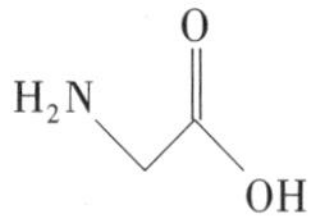
缬氨酸 （Val）	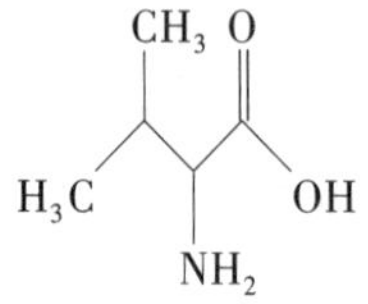	脯氨酸 （Pro）	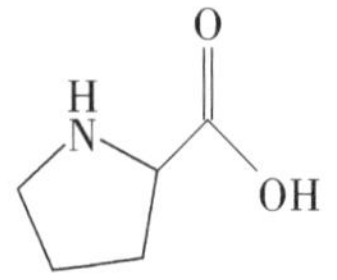
组氨酸* （His）	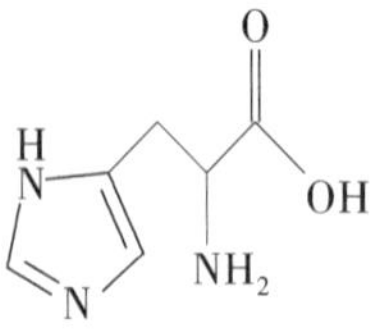	丝氨酸 （Ser）	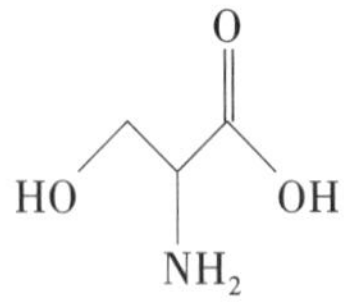
		半胱氨酸 （Cys）	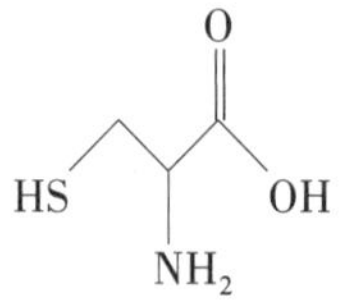
		酪氨酸 （Tyr）	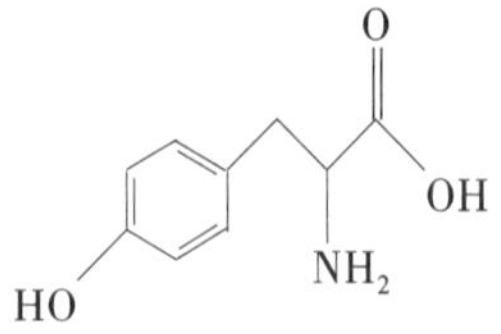

* 组氨酸为婴儿必需氨基酸。

3.2.2 氨基酸的物理性质

1）溶解度

氨基酸一般都溶于水，不溶或微溶于醇。所有的氨基酸都能溶于酸或碱溶液中。

2）味觉

不同的氨基酸具有不同的味觉。例如，谷氨酸呈酸味，谷氨酸钠（味精）呈鲜味，谷氨酸二钠呈臭氨水味；天冬氨酸及其钠盐也显示出较好的鲜味，强度较味精弱，它是竹笋等植物性食物中的主要鲜味物质。

谷氨酸钠的结构式如下：

$$\begin{array}{c} NH_2 \\ | \\ HOOC-CH_2-CH_2-CH-COONa \end{array}$$

3.2.3 氨基酸的化学性质

1）氨基酸的两性解离和等电点

氨基酸是两性电解质，因为氨基酸分子中既有碱性的氨基（可解离形成带正电荷的阳离子），又有酸性的羧基（可解离形成带负电荷的阴离子）。某氨基酸随溶液 pH 值变化的带电情况如图 3.2 所示。

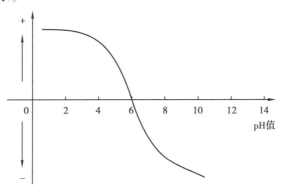

图 3.2 某氨基酸随溶液 pH 值变化的带电情况

当溶液处于某 pH 值时，氨基酸所带的正、负电荷相等（净电荷为零），此时溶液的 pH 值称为该氨基酸的等电点（pI）。在等电点处，氨基酸的溶解度最小，易沉淀析出。常见氨基酸的等电点见表 3.2。

表 3.2 常见氨基酸的等电点

氨基酸名称	pI	氨基酸名称	pI	氨基酸名称	pI
甘氨酸	5.98	半胱氨酸	5.07	色氨酸	5.89
丙氨酸	6.00	蛋氨酸（甲硫氨酸）	5.74	天冬氨酸	2.77
缬氨酸	5.96	天冬酰胺	5.41	谷氨酸	3.22
亮氨酸	5.98	谷氨酰胺	5.65	赖氨酸	9.74
异亮氨酸	6.02	脯氨酸	6.30	组氨酸	7.59
丝氨酸	5.68	苯丙氨酸	5.48	精氨酸	10.76
苏氨酸	6.16	酪氨酸	5.66		

各种氨基酸都有特定的等电点，在同一酸碱度下，各种氨基酸所带的电荷不同。某氨基酸在溶液中带正电的情况如图 3.3 所示。

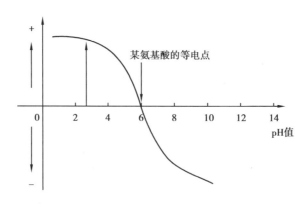

图 3.3　某氨基酸在溶液中带正电的情况

【任务】若某氨基酸的 pI 小于溶液的 pH 值,用图绘出该氨基酸带电情况。

可采用离子交换法将多种氨基酸进行分离,其中阳离子交换剂(如阳离子交换树脂)能结合阳离子,而阴离子交换剂(如阴离子交换树脂)能结合阴离子。

也可采用电泳法分离不同的氨基酸。在电泳中,当溶液的 pH 值小于某氨基酸的等电点时,该氨基酸带正电荷,在电场中向负极移动;当溶液的 pH 值大于某氨基酸的等电点时,该氨基酸带负电荷,在电场中向正极移动;当溶液的 pH 值等于某氨基酸的等电点时,该氨基酸净电荷为零,在电场中不移动。

例如,3 种氨基酸电泳示意图(缓冲液 pH=6),如图 3.4 所示。

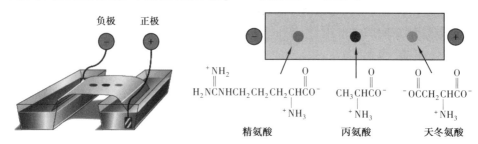

图 3.4　3 种氨基酸电泳示意图(缓冲液 pH=6)

2)氨基酸与甲醛反应

氨基酸具有酸性的羧基和碱性的氨基,在溶液中,它们相互作用(如氨基酸自身形成内盐或不同氨基酸之间形成盐),而只有部分羧基游离出来,故不能用酸碱滴定法直接测定氨基酸的羧基含量。

但是,在常温条件下,加入甲醛溶液后,氨基酸的氨基与甲醛反应,氨基酸生成二羟甲基氨基酸,从而使其碱性消失,同时氨基酸的羧基游离出来。这样就可以用氢氧化钠标准溶液来滴定氨基酸的羧基,由于氨基酸的羧基与氨基比值近似,所以可以测定氨基酸态氮的含量(以氮计,单位 g/100 mL)。该方法即为酱油中氨基酸态氮含量的甲醛值法。

$$\text{R—CH—COO}^- \rightleftharpoons \text{R—CH—COOH} + \underset{\text{H—C—H}}{\overset{\text{O}}{\|}} \longrightarrow \text{R—CH—COOH}$$

$\overset{|}{\overset{+}{\text{NH}_3}}$	$\overset{|}{\text{NH}_2}$	$\overset{|}{\text{NH—CH}_2\text{OH}}$
氨基酸	甲醛	羟甲基氨基酸

$$\underset{\overset{|}{\text{NH—CH}_2\text{OH}}}{\text{R—CH—COOH}} + \underset{\text{H—C—H}}{\overset{\text{O}}{\|}} \longrightarrow \text{二羟甲基氨基酸}$$

羟甲基氨基酸　　甲醛　　二羟甲基氨基酸

一般而言,酱油的氨基酸态氮的含量越高,表明酱油中氨基酸含量越高,酱油的品质越好。《食品安全国家标准　酱油》(GB 2717—2018)规定,无论是酿造酱油还是配制酱油,氨基酸态氮的含量≥0.4 g/100 mL。其中,氨基酸态氮与凯氏定氮法测定的全氮不同。

食品安全国家
标准　酱油

3) 氨基酸与水合茚三酮反应

α-氨基酸(含游离氨基)与水合茚三酮(茚三酮遇水形成)一起加热,可生成蓝紫色物质,而脯氨酸(无游离氨基)与水合茚三酮一起加热,则生成黄色物质。该反应很灵敏,常用于氨基酸的定性测定。

例如,在氨基酸纸层析实验、氨基酸纸电泳实验中,经常采用茚三酮作为显色剂。肽和蛋白质存在游离氨基,也可与水合茚三酮形成蓝紫色化合物。

氨基酸与水合茚三酮反应的过程如下:

茚三酮　$+\text{H}_2\text{O}\longrightarrow$　水合茚三酮

水合茚三酮 $+ \underset{\overset{|}{\text{NH}_2}}{\text{R—CH—COOH}} \longrightarrow$ 还原型茚三酮 $+\text{RCHO}+\text{CO}_2+\text{NH}_3$

水合茚三酮　　氨基酸　　还原型茚三酮　　醛类

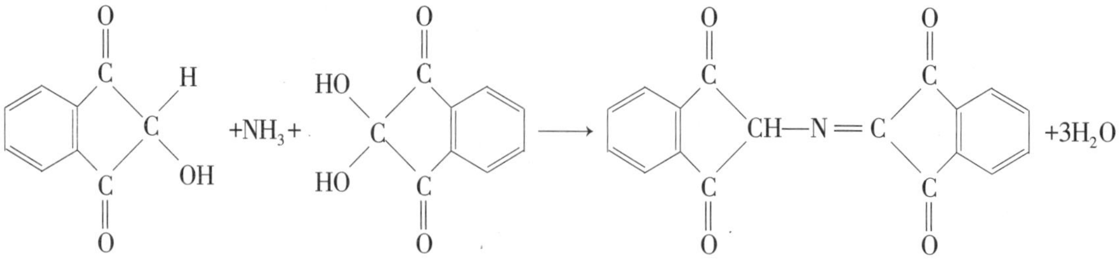

还原型茚三酮　　　　　　　水合茚三酮　　　　　　　　蓝紫色化合物

4) 氨基酸的成肽反应

一个 α-氨基酸分子中的 α-羧基与另一个 α-氨基酸分子中的 α-氨基脱水缩合,形成的化合物称为肽,该反应称为成肽反应。连接的化学键称为肽键,也称酰胺键,是多肽及蛋白质的主要化学键。氨基酸形成肽键后,成为不完整的氨基酸分子,称为氨基酸残基。

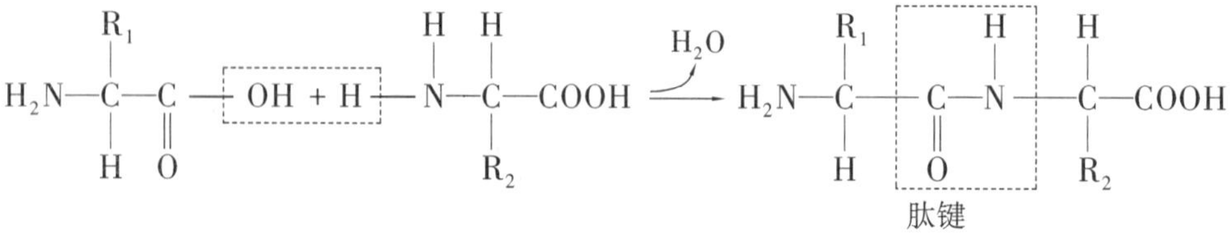

由 2~10 个氨基酸分子缩合形成的肽称为低聚肽(也称寡肽),由 10 个以上氨基酸分子缩合形成的肽称为多肽。

例如,谷胱甘肽(GSH)是由谷氨酸、半胱氨酸和甘氨酸结合而成的三肽(全称 γ-谷氨酰半胱氨酰甘氨酸),含有一个活泼的巯基(—SH),易被氧化,具有抗氧化、清除自由基的作用。谷胱甘肽的结构式如下:

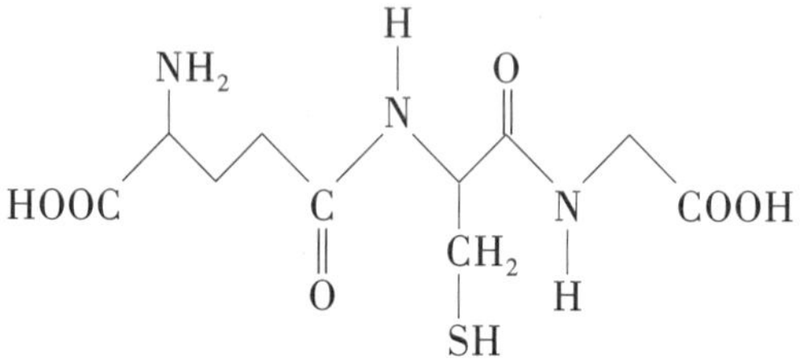

生物体中也存在其他生物活性肽,如抗氧化肽、降血压肽、促进钙吸收肽(如酪蛋白磷酸肽)、抑菌肽等。例如,酪蛋白磷酸肽(CPP)可结合肠道钙、铁,成为可溶性络合物(如有效防止磷酸钙沉淀的形成可增加可溶性钙的浓度)以利于小肠吸收,在促进儿童骨骼发育、改善骨质疏松症和预防贫血方面有较好的效果。如某葡萄糖酸钙口服液包装标注:本品是以葡萄糖酸钙为主料,配以酪蛋白磷酸肽(CPP)精制而成的口服液。

高级技术

　　虾、蟹、海鱼等水产品的蛋白质含量高,且蛋白质构成中含有大量组氨酸。当水产品死后,体内蛋白质很快水解,有些细菌产生氨基酸脱羧酶,使组氨酸脱羧生成组胺,并放出二氧化碳。人在摄入过量的组胺后会出现中毒症状,严重时甚至致命。

食品安全国家标准
鲜、冻动物性水产品

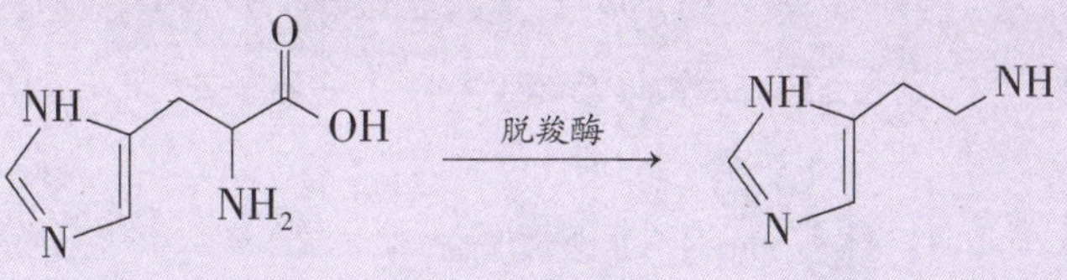

（组氨酸 脱羧酶 → 组胺 反应式图）

组氨酸　　　　　　　　　　　组胺

　　组胺中毒是一种过敏性食物中毒,会出现面部、胸部及全身皮肤潮红,眼结膜充血并伴有头痛、头晕、胸闷、脉快、心跳加快、血压下降等症状,一般体温正常,大多在1~2天内恢复健康。

思考练习

　　1.人体免疫球蛋白由4条肽链构成,共有764个氨基酸,则该蛋白质分子中至少含有游离氨基和游离羧基数(　　　)个。

　　A.764 和 764　　　　　　B.760 和 760　　　　　　C.762 和 762　　　　　　D.4 和 4

　　2.2 个氨基酸分子缩合形成二肽,并生成 1 分子水,这 1 分子水中的氢来自(　　　)。

　　A.羧基　　　　　　　　　　　　　　　B.氨基

　　C.羧基和氨基　　　　　　　　　　　　D.连接在碳原子上的氢

　　3.食品中氨基酸的定性检验,加入水合茚三酮通常呈(　　　)。

　　A.蓝色或紫色　　　B.红色　　　　　　C.黄色　　　　　　D.亮绿色

　　4.谷胱甘肽(分子式为 $C_{10}H_{17}O_6N_3S$)是存在于动植物和微生物细胞中的重要三肽,它是由谷氨酸(分子式为 $C_5H_9O_4N$)、甘氨酸(分子式为 $C_2H_5O_2N$)和半胱氨酸缩合而成的,则半胱氨酸的分子式为(　　　)。

　　A.C_3H_3NS　　　　　B.C_3H_5ONS　　　　　C.$C_3H_7O_2NS$　　　　　D.$C_3H_3O_2NS$

　　5.下图表示蛋白质分子结构的一部分,图中 A、B、C、D 表示分子中不同的键。当蛋白质发生水解反应时,断裂的键是(　　　)。

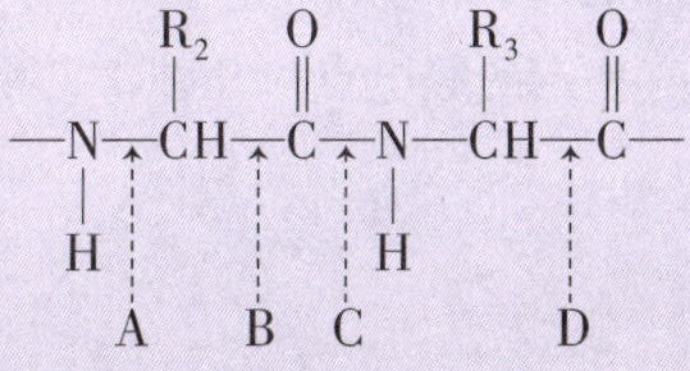

（蛋白质分子结构部分图，显示 A、B、C、D 四种键）

6.氨基酸在等电点时不带电荷。(　　)

    A.对　　　　　　　　　　B.错

7.(　　)是酸性氨基酸。

    A.谷氨酸　　　　　B.组氨酸　　　　　C.亮氨酸　　　　　D.酪氨酸

8.有一种肽,其分子式为 $C_{55}H_{70}O_{19}N_{10}$。已知将其彻底水解后只得到下列 4 种氨基酸:甘氨酸($C_2H_5NO_2$)、丙氨酸($C_3H_7NO_2$)、苯丙氨酸($C_9H_{11}NO_2$)、谷氨酸($C_5H_9NO_4$),则这个多肽是(　　)肽,该多肽水解后有(　　)个谷氨酸分子,有(　　)个苯丙氨酸。

9.下列氨基酸溶于 pH＝6 的水溶液中,并通入电流,试分析它们是否迁移。如果迁移,向哪一极迁移?

    a.赖氨酸(pI＝9.74)

    b.丙氨酸(pI＝6.00)

10.在测定酱油中氨基酸态氮的含量时,为什么加甲醛溶液?

11.可否认为某种氨基酸在酸性溶液中带正电,在碱性溶液中带负电?

任务 3.3　蛋白质的理化性质

【思政导读】

姜撞奶也称姜埋奶,是广东番禺、顺德的知名小吃。姜撞奶以当地水牛奶、姜汁为主要原料,利用生姜中的生姜蛋白酶使牛奶凝固而制成。姜撞奶味道香醇爽滑、甜中微辣、风味独特且有暖胃表热作用。

教师讲授姜撞奶的由来,播放姜撞奶制作视频,分析其中蕴含的食品生物化学知识,引导学生热爱中华优秀传统文化,传承传统食品制作技艺,增强文化自信。

1)蛋白质的两性解离和等电点

蛋白质和氨基酸一样,既能和酸作用,又能和碱作用,是两性电解质。

在某 pH 值时,蛋白质净电荷为零,此时溶液的 pH 值称为该蛋白质的

姜撞奶的由来

等电点(pI)。各种蛋白质都具有特定的等电点。几种常见蛋白质的等电点见表3.3。

表 3.3　几种常见蛋白质的等电点

蛋白质	pI	蛋白质	pI
酪蛋白(占乳蛋白质的 80%)	4.6	肌球蛋白(占肌原纤维蛋白质的 55%)	5.4
乳球蛋白(乳清蛋白的主要成分)	5.1	卵清蛋白(占蛋清蛋白质的 54%)	4.6
麦谷蛋白(面筋蛋白的主要成分)	7.0	麦醇溶蛋白(面筋蛋白的主要成分)	6.5
大豆球蛋白(占大豆蛋白质的 90%)	4.5	血红蛋白	6.7

在等电点处,蛋白质的溶解度最小,易从溶液中沉淀析出。这一性质常用于蛋白质的分离、提纯。对比某蛋白质在不同梯度 pH 值溶液中的溶解度,可测定该蛋白质的等电点。与氨基酸类似,蛋白质可以通过电泳进行分离、纯化、鉴定和制备。

蛋白质溶解度随 pH 值的变化如图 3.5 所示。

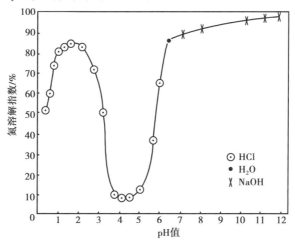

牛奶与可乐作用

图 3.5　蛋白质溶解度随 pH 值的变化

2)蛋白质的胶体性质

蛋白质是高分子化合物,相对分子质量很大,所形成的颗粒直径为 1~100 nm,属于胶体颗粒。

【拓展】吃辣味食品时,可以饮用牛奶,利用牛奶中蛋白质胶体具有吸附风味物质的性质,缓解辣味的刺激作用。

(1)蛋白质溶胶

溶于水的蛋白质能被水分散形成稳定的亲水胶体溶液,称为蛋白质溶胶。常见的蛋白质溶胶包括牛奶、豆奶,可以看作牛奶蛋白质或大豆蛋白质分散在水中。

蛋白质溶胶之所以稳定（不易沉淀析出），主要有两个因素，如图 3.6 所示。

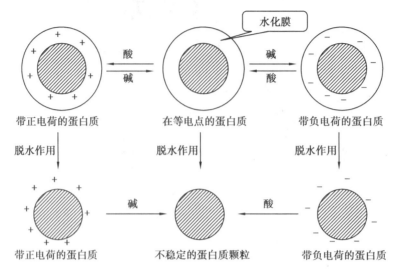

图 3.6　蛋白质颗粒稳定因素

①水化膜的隔离作用：蛋白质表面分布着各种不同的亲水基团，如氨基、羧基、羟基、巯基、酰胺基等，可与水分子相互吸引，在蛋白质颗粒外围形成一层水化膜（也称水化层），使蛋白质颗粒彼此隔开，避免相互碰撞、聚集而沉淀析出。

②同种电荷的排斥作用：在偏离等电点的溶液中，蛋白质表面带有同种电荷而形成电荷层，因同种电荷相互排斥，所以防止了蛋白质颗粒相聚而沉淀。

（2）蛋白质凝胶

姜撞奶加工

　　　　　　一定浓度的蛋白质溶胶在某些条件下，能够发生胶凝作用形成凝胶，这一过程即是变性的蛋白质聚集并形成有序的蛋白质三维网状结构的过程。蛋白质凝胶是一种特殊的沉淀，往往为半固体或固体状态，具有一定的形状和弹性，如豆腐花、豆腐、酸奶、姜撞奶等。

简单而言，蛋白质溶胶是蛋白质颗粒分散在水中；而蛋白质凝胶是水分散在蛋白质形成的三维网状结构中，如豆浆是溶胶，而豆腐则是凝胶。豆腐的三维网状结构之间的空隙正好填充水分，尽管豆腐含有大量的水却不易看出来。

3）蛋白质的沉淀

蛋白质胶体溶液的稳定性是有条件的、相对的。如果改变环境条件，破坏蛋白质水化膜或中和蛋白质所带的电荷，则蛋白质分子易发生聚集沉淀。

牛奶与柠檬汁作用

　　　　　　（1）等电点沉淀法

把溶液 pH 值调至蛋白质的等电点，则该蛋白质可以沉淀析出。例如，在牛奶中加入适量柠檬汁、可乐、陈醋等，可使牛奶中的酪蛋白沉淀（可以用纱布过滤获得沉淀）。

（2）盐析法

向蛋白质溶液中加入足量的高浓度中性盐,如饱和硫酸铵、硫酸钠、氯化钠或氯化钾溶液等,可使蛋白质的溶解度降低而从溶液中析出,这个过程称为盐析。

蛋白质发生盐析的主要原因是:中性盐的亲水性强,可以破坏蛋白质表面的水化膜;中性盐是强电解质,能干扰蛋白质表面的同种电荷作用。

由盐析获得的蛋白质沉淀(通过过滤或离心)在其盐类浓度降低时,又能再溶解。蛋白质盐析中,蛋白质没有发生变性作用,可用于酶制剂的分离。

【思考】盐析法沉淀分离的蛋白质有中性盐残留? 如何脱盐?

利用蛋白质不能透过半透膜的性质,通常将含有小分子杂质(如硫酸钠、硫酸铵等)的蛋白质溶液放入透析袋中,置于流水中进行透析,小分子物质由袋内移至袋外水中,蛋白质仍截留在袋内,可达到纯化蛋白质的目的(脱盐),这种方法称为透析。

（3）有机溶剂沉淀法

乙醇、丙酮、甲醇等水溶性有机溶剂具有较强的亲水性（相对蛋白质而言）,可以破坏蛋白质的水化膜,促进蛋白质聚集沉淀。

与盐析法相比,有机溶剂沉淀法的优点是:分离效果比盐析法好,不需要透析脱盐(透析时间往往较长),加入的有机溶剂易蒸发除去。缺点是:高浓度有机溶剂长时间与蛋白质接触,易引起酶和其他具有活性的蛋白质变性失活。

因此,有机溶剂沉淀蛋白质的操作比较严格,必须在低温下进行;在沉淀完全的前提下,时间越短越好;在加入有机溶剂时需及时搅拌,以避免局部浓度过大;分离后的蛋白质沉淀应立即用水或缓冲液溶解,以降低有机溶剂的浓度。

（4）重金属盐沉淀法

在溶液的 pH 值大于某种蛋白质的 pI 时,蛋白质颗粒带负电荷,重金属离子(汞离子、铅离子、铜离子等)易与之结合,生成不溶性盐类而沉淀,同时引起蛋白质变性。

$$2Pr\underset{NH_2}{\overset{COO^-}{<}} + Pb^{2+} \longrightarrow \left[Pr\underset{NH_2}{\overset{COO^-}{<}} \right]_2 Pb^{2+} \downarrow$$

人误食重金属盐(如铅、汞)时,会使人体的蛋白质(如酶、血红蛋白等)发生变性,引起中毒,此时可以大量口服牛奶、豆浆等进行解毒。其原理是牛奶、豆浆中的蛋白质与重金属离子形成不溶性盐,并经催吐排至体外,从而减缓人体对重金属盐的吸收,达到解毒的目的。

（5）某些酸类沉淀

在溶液的 pH 值小于某种蛋白质的 pI 时,蛋白质颗粒带正电荷,易与单宁酸(一种单宁物质)、苦味酸、三氯醋酸(在食品或医学检测中常用作蛋白质沉淀剂)等结合,生成不溶性盐沉淀,并伴随蛋白质变性。

例如,在日常生活中,不宜多吃柿子、山楂等富含单宁的食品,否则容易在胃酸作用下与蛋白质等结合,形成胃结石,引起腹痛腹胀和消化不良等症状,影响人体健康。

4)蛋白质的变性

天然蛋白质受理化因素的影响,其空间结构发生变化,致使蛋白质的理化性质和生物学功能发生变化,这种现象称为蛋白质的变性。变性后的蛋白质称为变性蛋白。

蛋白质的变性过程如图3.7所示。

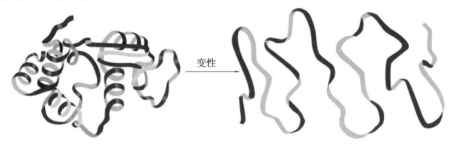

变性前,紧密有序的空间结构　　　　变性后,松散无序的空间结构

图 3.7　蛋白质的变性过程示意图

(1)蛋白质变性的实质

蛋白质变性后,蛋白质的多肽链由原来紧密有序的空间结构变成了松散无序的空间结构,但一级结构中的肽键没有断裂。

蛋白质变性后,往往出现如下现象:生物活性丧失,如酶失去催化功能,血红蛋白丧失携带氧的能力;由于疏水基团暴露出来,蛋白质亲水性丧失,溶解度降低而发生沉淀;蛋白质分子结构伸展松散,肽键暴露,易被蛋白酶水解。

【拓展】相比熟鸡蛋,生鸡蛋的蛋白质消化率低很多,同时生鸡蛋没有经过加热杀菌,存在食品安全隐患,因此不鼓励食用生鸡蛋。

(2)蛋白质变性的影响因素

①物理因素:a.加热。当蛋白质被逐渐加热并超过一个临界温度(也称热变性温度)时,蛋白质发生变性,从天然状态转变至变性状态。在食品加热中,应提供足够的加热温度、加热时间以确保蛋白质发生充分变性。此外,水能促进蛋白质的热变性。一些与食品相关的蛋白质的热变性温度见表3.4。b.冷冻。冷冻处理也可以导致某些蛋白质的变性。例如,新鲜鱼糜中的鱼肉蛋白(主要是肌原纤维蛋白)在冻藏过程中,容易发生冷冻变性而降低或丧失其功能特性,如不能形成凝胶、持水性降低等,影响所加工鱼丸的口感。c.电磁辐射。紫外线、X-射线、γ-射线等高能量电磁波会对蛋白质空间结构产生明显影响,引起蛋白质变性。例如,紫外线消毒广泛应用于食品企业的生产环境消毒、微生物无菌操作台的消毒等。而香料、花粉等不适合高温杀菌,可采用γ-射线进行辐照杀菌。

包虫病遇到克星

表 3.4 一些与食品相关的蛋白质的热变性温度

蛋白质	热变性温度/℃	蛋白质	热变性温度/℃
牛血清白蛋白	65	α-乳清蛋白	83
血红蛋白	67	β-乳球蛋白	83
鸡蛋清蛋白	76	大豆球蛋白	92
肌红蛋白	79	燕麦球蛋白	108

【拓展】X-射线可用于异物探测,控制骨头、玻璃、塑料碎片等混入食品中。

②化学因素:a.酸和碱。常温下,大多数蛋白质在 pH 值为 4~10 时是稳定的。若超出此范围,蛋白质内部的氨基、羧基等基团发生解离,产生强烈的分子内静电排斥与吸引作用,从而使蛋白质多肽链产生伸展,导致蛋白质发生变性。b.有机溶剂。大多数有机溶剂(如乙醇、丙酮)都会改变稳定蛋白质空间结构的作用力,导致蛋白质变性。例如,在食品操作人员手部喷洒浓度为 70%~75% 的食品级乙醇(酒精),可以达到消毒作用。

生物实验室使用福尔马林溶液保存动物标本,其原因就是甲醛能使微生物的蛋白质发生变性,失去活性,使动物标本不易腐烂。但甲醛毒性大,有媒体曝光不法商贩用甲醛溶液保存豆腐、猪血、海鲜、水煮花生等,对人体危害很大。

【补充】福尔马林溶液是指浓度为 35%~40% 的甲醛水溶液。

③重金属盐:一些重金属离子,如铅离子、铜离子、汞离子、银离子等,易与蛋白质分子中的巯基、羧基形成稳定的化合物,改变了稳定蛋白质空间结构的作用力,使蛋白质发生变性。例如,银离子可与酶的巯基强烈作用而使酶变性失活。有科研人员开发抗菌不锈钢筷子替代木筷或竹筷,以保护森林资源。其原理是在普通不锈钢的基础上,在熔炼过程中加入铜,在使用中(接触水溶液的过程中),就有适量的铜离子溶出,而铜离子有很强的杀菌作用,可以避免细菌和霉菌在筷子上滋生,保障消费者的健康。同时,铜离子的溶出量不超过世界卫生组织推荐的人每天的最大铜摄入量,对人体而言是安全的。

5) 蛋白质的水解

在酸、碱或蛋白酶作用下,蛋白质可发生水解反应,生成小分子肽和氨基酸。

蛋白酶可用于猪肉、牛肉的嫩化。有些地方的人们用破碎的木瓜树叶包裹肉品以使肉品被嫩化,实质是利用叶中的木瓜蛋白酶适度水解肉蛋白,使之嫩化。有些人用菠萝汁浸泡牛肉、猪肉,也有类似的嫩化作用。目前,市面上有多种嫩肉粉销售,其中一种就是以木瓜蛋白酶或菠萝蛋白酶为主要原料制成的。

此外,有些厨师会用小苏打(碳酸氢钠)溶液处理牛肉,使炒出的牛肉变嫩滑,其原理是:小苏打呈碱性,对牛肉的筋膜和肌肉纤维具有破坏作用;使牛肉的 pH 值远离蛋白质等电点,从而提升牛肉的保水能力。

6)蛋白质的发泡性

蛋白质往往具有良好的发泡性(也称起泡性),这是因为蛋白质具有典型的两亲结构(同时具有亲水性、亲油性),在其分散液中表现出较强的界面活性。当蛋白质溶液受到吹气时会形成很多泡沫,蛋白质会被吸附到这些泡沫的气液界面上,形成保护膜,同时降低界面张力,从而促进泡沫的形成与稳定。

蛋白质的发泡性如图3.8所示。

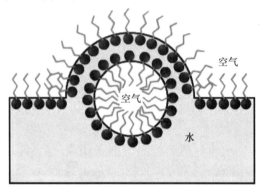

图 3.8　蛋白质的发泡性

高级技术

鉴别真假蜂蜜的简易方法:取 2 个塑料空瓶,各加入 100 g 左右纯净水,再分别加入一勺真蜂蜜和一勺假蜂蜜,盖上盖子,用力摇。如果出现的泡沫能维持较长时间,则是真蜂蜜;如果泡沫较快消失,则是假蜂蜜。这是因为真蜂蜜中含有酶等蛋白质,具有起泡性,加水,用力摇的过程中,会产生泡沫并维持较长时间;假蜂蜜中往往没有蛋白质,泡沫不能维持较长时间。

拓展训练

原料乳的新鲜度可以采用酒精检验法判断,具体操作是:准确吸取 2 mL 原料乳于平皿中,再加入 2 mL 体积分量为 75% 的酒精,要边加边摇,使酒精与牛奶均匀混合,在 30 秒内观察结果。若振摇后不出现絮片的牛乳,则表明其酸度低,此乳为新鲜乳;若出现絮片,则表明酸度升高,此乳为变质乳。

【思考】为何酒精检验法可判断原料乳的新鲜度,了解乳中微生物的污染状况。

思考练习

1.蛋白质变性是由于(   )。

    A.蛋白质一级结构改变   B.蛋白质亚基解聚

    C.蛋白质空间结构被破坏   D.蛋白质水解

2.导致蛋白质变性的物质不包括(   )。

    A.γ-射线   B.氯化钾   C.醋酸铅   D.尿素

3.欲将蛋白质从水中析出而又不改变它的性质,应加入(   )。

    A.甲醛溶液   B.硫酸铜溶液

    C.饱和硫酸钠溶液   D.醋酸铅溶液

4.误食重金属盐会引起中毒,下列不能用于解毒的措施是(   )。

    A.服大量鸡蛋清   B.服用豆浆   C.喝大量牛奶   D.喝食盐水

5.福尔马林是(   )的水溶液。

    A.乙醇   B.乙醚   C.甲醛   D.甲醇

6.酪蛋白($pI=4.6$)在下列(   )溶液中带正电荷。

    A.$pH=4.0$ B.$pH=5.0$ C.$pH=6.0$ D.$pH=7.0$

7.蛋白质在等电点所带的电荷是(   )。

    A.正电荷   B.负电荷

    C.不带电荷   D.带等量的正、负电荷

8.蛋白质变性不包括(   )。

    A.氢键断裂   B.盐键断裂   C.疏水键断裂   D.肽键断裂

9.蛋白质不同于氨基酸的理化性质是(   )。

    A.等电点   B.两性电离   C.呈色反应   D.胶体性

10.蛋白质溶液稳定的主要因素是蛋白质分子表面形成水化膜,并在偏离等电点时带有相同电荷。(   )

    A.对   B.错

11.$pH=pI$ 时,蛋白质净电荷为零,溶解度最大。(   )

    A.对   B.错

12.在牛奶中加入醋或果汁,可以使牛奶出现沉淀,为什么?是否加酸越多,沉淀就越多?部分消费者怀疑奶茶中没有使用牛奶,是否可用加醋的方法检测?

奶茶是否含奶的鉴别

项目4　脂　类

项目描述

本项目主要介绍脂类组成、脂肪酸结构、脂肪性质及其在食品加工保藏中的应用。

学习目标

◎掌握脂类分类、脂肪结构、脂肪酸结构。

◎掌握脂肪的理化性质。

能力目标

◎能理解脂肪在食品加工保藏中的应用。

教学提示

◎教师应提前从网上下载相关视频,结合视频辅助教学,包括油脂精炼、地沟油事件等视频。可以根据实际情况,开设油脂乳化、油脂酸价快速检测等实验。

任务 4.1　脂类概述

【思政导读】

　　媒体关于食用油的报道很多,既有不法之徒用价格低的大豆油勾兑色素、花生油香精后制成"浓香花生油",而消费者很难从颜色、香味上鉴别真伪,但最终被执法部门查处的;也有早餐店店主在油条制作过程中"拒绝复炸油的使用",确保油条用油的质量,强调食品安全,深受消费者欢迎而获得政府和媒体表扬的。

　　教师组织学生讨论食用油相关报道中所蕴含的食品生物化学知识,分析其启发价值,引导学生树立遵纪守法、诚实守信、质量第一的意识。

4.1.1　脂类概念

　　从溶解性角度看,脂类(也称脂质)是不溶于水而能被乙醚、氯仿、苯等非极性有机溶剂抽提出的化合物,往往是混合物,包括脂肪、蜡、磷脂、糖脂、类固醇等。

　　脂类是生物体内能量贮存的主要形式;能提供必需脂肪酸;是脂溶性维生素的载体;能溶解风味物质,赋予食品良好的风味和口感。例如,高档的雪花牛肉中白色肌间脂肪沉积在红色肌肉中,经过适当烹饪,会产生肥而不腻、入口即化的口感。

　　【补充】必需脂肪酸是指人体所必需的而自身不能合成,必须由食物提供的不饱和脂肪酸,包括亚油酸、亚麻酸和花生四烯等,其中亚油酸是最主要的必需脂肪酸。

　　但是含油食品在贮存过程中易氧化酸败,为食品的加工保藏带来诸多不利影响,需要通过综合手段加以控制。过多摄入油脂会对人体产生不利的影响,油炸食品,如油炸方便面、薯片等含油量高,不宜多食。此外,氢化油的反式脂肪酸问题也日益凸显。

4.1.2　脂类分类

脂类按其结构和组成可分为简单脂类、复合脂类和衍生脂类3类。

1)简单脂类

简单脂类是指由脂肪酸与醇形成的酯。

(1)脂肪

脂肪是分布在动植物体内的主要脂类物质,占95%以上。天然脂肪也称油脂,是多种甘油三酯的混合物,很难分离纯化成纯品。室温下为液态的脂肪称为油,如花生油、大豆油、橄榄油等;室温下为固态的脂肪称为脂,如可可脂。

甘油三酯也称三酰基甘油,由1分子甘油(也称丙三醇)与3分子脂肪酸通过酯键连接而成。式中,R_1、R_2、R_3表示烃基。

$$\underset{\text{甘油}}{\begin{matrix} CH_2OH \\ | \\ CHOH \\ | \\ CH_2OH \end{matrix}} + \underset{\text{脂肪酸}}{\begin{matrix} HO-\overset{O}{\overset{||}{C}}-R_1 \\ HO-\overset{O}{\overset{||}{C}}-R_2 \\ HO-\overset{O}{\overset{||}{C}}-R_3 \end{matrix}} \longrightarrow \underset{\text{甘油三酯}}{\begin{matrix} CH_2O-\overset{O}{\overset{||}{C}}-R_1 \\ CHO-\overset{O}{\overset{||}{C}}-R_2 \\ CH_2O-\overset{O}{\overset{||}{C}}-R_3 \end{matrix}} + 3H_2O$$

在油料作物的种子和动物的皮下脂肪组织中,脂肪含量丰富。凡是油脂含量达10%以上,具有制油价值的植物种子和果肉等均称为油料。

几种常见油料的主要化学成分见表4.1。

表4.1 几种常见油料的主要化学成分　　　　　　　　　　(单位:%)

名称	水分	脂肪	蛋白质	磷脂	糖类	粗纤维	灰分
大豆	9~14	16~20	30~45	1.5~3.0	25~35	6	4~6
花生仁	7~11	40~50	25~35	0.5	5~15	1.5	2
菜籽	6~12	14~25	16~26	1.2~1.8	25~30	15~20	3~4
芝麻	5~8	50~58	15~25	—	15~30	6~9	4~6
葵花籽	5~7	45~54	30.4	0.5~1.0	12.6	3	4~6
米糠	10~15	13~22	12~17		30~50	23~30	8~12
玉米胚芽	—	35~56	17~28		5.5~8.6	2.4~5.2	7~16
小麦胚芽	14	14~16	28~38		14~15	4.0~4.3	5~7

(2)蜡

蜡是高级脂肪酸与高级一元醇形成的高级酯类物质。蜡不溶于水,熔点为60~80 ℃,不能被人及动物消化。几种重要的蜡及其熔点、主要组分和来源见表4.2。

表4.2 几种重要的蜡

名称	熔点/℃	主要组分	来源
蜂蜡	62~65	$C_{15}H_{31}COOC_{30}H_{61}$	蜜蜂腹部
虫蜡	81.3~84	$C_{25}H_{51}COOC_{26}H_{53}$	白蜡虫
巴西棕榈蜡	83~86	$C_{25}H_{51}COOC_{30}H_{61}$	巴西棕榈叶

例如,蜂蜡是工蜂腹部的蜡腺分泌的,是建造蜂巢的主要物质。蜂蜡不溶于水,比水轻,常温下为固态。蜂蜡的主要成分是十六酸三十酯,其分子结构式如下:

$$CH_3(CH_2)_{14}-\overset{\overset{\textstyle O}{\|}}{C}-O-CH_2-(CH_2)_{28}-CH_3$$

很多植物的果实(如葡萄、蓝莓、西梅、苹果等)、叶的表皮都覆盖着一层很薄的蜡,一般被称为果粉,起着减少水分蒸发、防止细菌侵入和保护植物组织的作用。消费者在购买这类水果时,往往会挑选果粉完整的,因此人工采摘时,采摘工应戴橡胶指套,轻拿轻放,保证果粉的完整性。

果蔬表面天然的蜡质保护层在采收、采后处理(如分拣、清洗)过程中,容易受到破坏,影响果蔬保鲜期。目前,超市销售的苹果、柑橘等往往进行打蜡处理,以延长保鲜期。

在枸杞干制加工中,枸杞表面的蜡层不利于水分蒸发,可以采用碱液浸泡(如用浓度为2%的氢氧化钠溶液浸泡5~10秒后,立即用清水漂洗干净),进行破蜡处理,再进行烘干,这样可以大大缩短烘干时间。

2) 复合脂类

复合脂类是简单脂类成分与非脂成分组成的脂类化合物,主要包括磷脂(因分子中含有磷酸根而得名,如卵磷脂、脑磷脂等)、糖脂、蛋白脂等。

卵磷脂的分子结构式如下:

$$R_2-\overset{\overset{\textstyle O}{\|}}{C}-O-\overset{\displaystyle CH_2-O-\overset{\overset{\textstyle O}{\|}}{C}-R_1}{\underset{\displaystyle CH_2-O-\overset{\displaystyle P}{\underset{\displaystyle OH}{|}}-O-CH_2CH_2-\overset{\displaystyle N(CH_3)_3}{\underset{\displaystyle OH}{|}}}{CH}}$$

卵磷脂分子中的 R_1 为硬脂酸或软脂酸,R_2 为油酸、亚油酸、亚麻酸或花生四烯酸等不饱和脂肪酸。

卵磷脂分子中既含有亲水基团(磷酸残基、胆碱残基),又含有疏水基团,是一种天然的乳化剂,可用于巧克力、蛋黄酱中。

3) 衍生脂类

衍生脂类是指除简单脂类、复合脂类外的脂类,主要包括胡萝卜素类物质(如β-胡萝卜素)、固醇类物质(如胆固醇)和脂溶性维生素(如维生素 A、维生素 D、维生素 E 等)。

人体皮肤中含有 7-脱氢胆固醇(也称维生素 D 原),人在接触日光时,日光中的紫外线可以将皮肤中的维生素 D 原转化成维生素 D_3。

高级技术

磷脂有胶体作用,能吸附水、微生物和其他杂质,并容易将其带入油脂中。而这些物质会促进油脂水解和氧化酸败,缩短油脂的贮存期;还能使其及吸附的物质形成大胶团,从油脂中沉淀出来,变成油脚,降低油脂的品质;含有大量磷脂的油,加热易起泡沫,冒烟多有臭味,同时磷脂氧化而使油脂呈焦褐色。

因此,油脂需要进行精炼,以脱除磷脂等胶体(也包括油脂中混有的少量蛋白质胶体),即脱胶工艺。例如,大豆油采用水化法脱胶,即加入2%~3%的水,并在50 ℃左右搅拌,然后静置沉降或离心分离水化磷脂。其原理是:磷脂分子中含有亲水基团而使磷脂等胶体杂质吸水膨胀并凝聚,从油中沉降析出而与油脂分离。

在油脂脱胶工艺中,沉淀出来的胶质称为油脚。在大豆油的油脚中含有丰富的卵磷脂。因此,大豆卵磷脂是大豆油精炼过程的副产物,可大量廉价获得供应。

思考练习

1.天然脂肪主要是以( )甘油形式存在。

　　A.一酰基　　　　　B.二酰基　　　　　C.三酰基　　　　　D.一羧基

2.有人将薯片用打火机点燃,发现薯片容易燃烧,这个实验说明了什么问题?

任务 4.2　脂肪酸结构

【思政导读】

我国是世界上最大的鸡蛋生产国和消费国,随着生活水平的提高,消费者不仅要求吃饱,还要求吃好、吃出健康。有的企业和科研院所合作,开展科技创新,在鸡饲料里添加了亚麻籽、奇亚籽、海藻等,然后经过蛋鸡的食用、消化、吸收、转化,形成了富含DHA、卵磷脂的鸡蛋,同时鸡蛋口感良好,没有蛋腥味。经检测,每100 g蛋黄里,DHA含量高达463 mg,能够促进婴幼儿大脑和视力的发育,提高记忆力和专注力。虽然这种鸡蛋的售价比普通鸡蛋高不少,但其依然深受消费者欢迎,因此也提高了企业的经济效益。

教师组织学生讨论上述案例中所蕴含的食品生物化学知识,并分析其启发价值,引导学生树立服务健康中国战略的意识,找准营养健康食品开发方向,开展科技创新,锐意进取。

4.2.1 脂肪酸的概念

脂肪酸是由一条长的烃链和一个末端羧基组成的羧酸。目前,从动物、植物、微生物中分离出的脂肪酸有近 200 种,大多数是偶数碳原子的直链脂肪酸。脂肪酸的碳原子数目为 4~36 个,多数为 12~24 个。

4.2.2 脂肪酸的种类

1)饱和脂肪酸

饱和脂肪酸是分子中碳原子间以单键相连的一元羧酸。其特点是烃链上没有碳碳双键存在,只有单键存在。

$$—CH_2—CH_2—CH_2—CH_2—$$

例如,癸酸的分子结构式如下:

或

常见的天然饱和脂肪酸见表 4.3。

表 4.3 常见的天然饱和脂肪酸

名称	简写符号	分子结构式	熔点/℃
丁酸(酪酸)	4:0	C_3H_7COOH	-4.7
己酸(羊油酸)	6:0	$C_5H_{11}COOH$	-1.5
辛酸(羊脂酸)	8:0	$C_7H_{15}COOH$	16.7
癸酸(羊蜡酸)	10:0	$C_9H_{19}COOH$	31.6
十二酸(月桂酸)	12:0	$C_{11}H_{23}COOH$	44.2
十四酸(豆蔻酸)	14:0	$C_{13}H_{27}COOH$	54.1
十六酸(软脂酸、棕榈酸)	16:0	$C_{15}H_{31}COOH$	62.7
十八酸(硬脂酸)	18:0	$C_{17}H_{35}COOH$	69.6
二十酸(花生酸)	20:0	$C_{19}H_{39}COOH$	75.4

2)不饱和脂肪酸

不饱和脂肪酸是指烃链中含有碳碳双键的脂肪酸,通常为液态。

$$—CH_2—CH=CH—CH_2—$$

不饱和脂肪酸通常用 $C_{x:y}$ 表示,其中 x 表示碳链中碳原子的数目,y 表示不饱和双键的数目。如油酸($C_{18:1}$)、亚油酸($C_{18:2}$)等。

4.2.3 不饱和脂肪酸的分类

1)根据烃链上碳碳双键的个数分类

（1）单不饱和脂肪酸

单不饱和脂肪酸是指烃链只含单个双键的脂肪酸,如油酸、棕榈油酸等。

油酸(化学名称:顺-Δ^9-十八碳烯酸或顺-Δ^9-十八碳一烯酸)的分子结构式如下:

（2）多不饱和脂肪酸

多不饱和脂肪酸是指烃链含 2 个或 2 个以上双键的脂肪酸,如亚油酸、亚麻酸等。

亚油酸(化学名称:顺,顺-$\Delta^{9,12}$-十八碳二烯酸)的分子结构式如下:

2)根据烃链上碳碳双键的结构分类

（1）顺式脂肪酸

顺式脂肪酸是指氢原子位于碳碳双键同侧的不饱和脂肪酸。天然脂肪中存在的不饱和脂肪酸绝大多数是顺式脂肪酸。

顺式油酸的分子结构式如下:

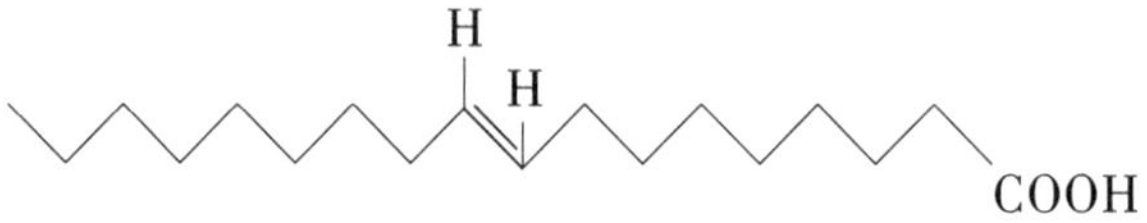

(2)反式脂肪酸

反式脂肪酸是指氢原子位于碳碳双键异侧的不饱和脂肪酸。天然脂肪在部分氢化反应中,可能会产生大量的反式脂肪酸。

反式油酸的分子结构式如下:

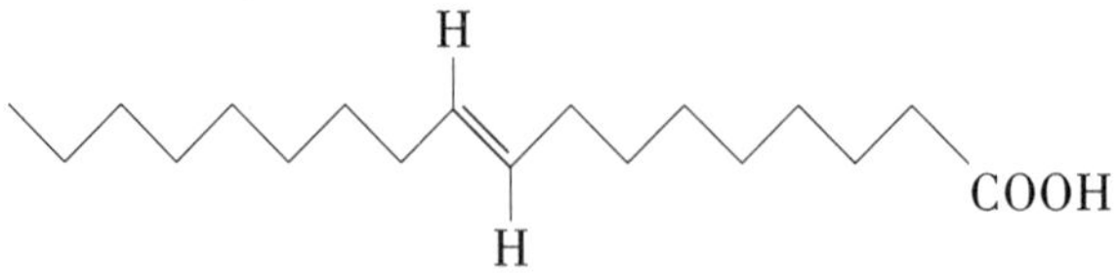

4.2.4 脂肪酸的系统命名法

1)Δ 编码体系

Δ 编码体系是以含羧基的最长碳链为主链,若是不饱和脂肪酸则主链包含双键,编号从羧基端开始,并标出双键的位置。c 或顺表示顺式,t 或反表示反式。

例如,亚油酸 Δ 编码体系命名为 9,12-十八碳二烯酸,若为顺式亚油酸,则命名为顺,顺-$\Delta^{9,12}$-十八碳二烯酸,简写为 $18:2\Delta^{9c,12c}$。

$$CH_3(CH_2)_4CH=CHCH_2CH=CH(CH_2)_7COOH$$

或

2) ω 编码体系

ω 编码体系也称 n 编码体系,是以含羧基的最长碳链为主链,若是不饱和脂肪酸则主链包含双键,编号从甲基端开始,并标出双键的位置。例如,顺式亚油酸的 ω 编码体系命名简写为 $C_{18:2}$,ω-6,9,all cis。

$$\text{(分子结构式)} COOH$$

在 ω 编码体系中,根据第一个双键的位置,可以把不饱和脂肪酸分为 ω-3 脂肪酸(如亚麻酸、EPA、DHA)、ω-6 脂肪酸(如花生四烯酸)、ω-9 脂肪酸(如油酸)。

【补充】Δ 为希腊字母,中文读音德尔塔。ω 为希腊字母,中文读音欧米伽。

常见的天然不饱和脂肪酸见表4.4。

表 4.4　常见的天然不饱和脂肪酸

名称	简写符号	分子结构式	熔点/℃
9-十六碳烯酸 (棕榈油酸)	$16:1\Delta^9$	$CH_3(CH_2)_5CH=CH(CH_2)_7COOH$	-0.5
9-十八碳一烯酸 (油酸)	$18:1\Delta^9$	$CH_3(CH_2)_7CH=CH(CH_2)_7COOH$	13.4
9,12-十八碳二烯酸 (亚油酸)	$18:2\Delta^{9,12}$	$CH_3(CH_2)_4CH=CHCH_2CH=CH(CH_2)_7COOH$	-5
9,12,15-十八碳三烯酸(α-亚麻酸)	$18:3\Delta^{9,12,15}$	$CH_3CH_2CH=CHCH_2CH=CHCH_2CH=CH(CH_2)_7COOH$	-11
5,8,11,14-二十碳四烯酸(花生四烯酸)	$20:4\Delta^{5,8,11,14}$	$CH_3(CH_2)_4(CH=CHCH_2)_3CH=CH(CH_2)_3COOH$	-49.5
5,8,11,14,17-二十碳五烯酸(EPA)	$20:5\Delta^{5,8,11,14,17}$	$CH_3CH_2(CH=CHCH_2)_5(CH_2)_2COOH$	—

续表

名称	简写符号	分子结构式	熔点/℃
4,7,10,13,16,19-二十二碳六烯酸（DHA）	$22:6\Delta^{4,7,10,13,16,19}$	$CH_3CH_2(CH{=}CHCH_2)_5CH{=}CH(CH_2)_2COOH$	—
13-二十二碳一烯酸（芥酸）	$22:1\Delta^{13}$	$CH_3(CH_2)_7CH{=}CH(CH_2)_{11}COOH$	33.8

常见食用油脂中的脂肪酸组成见表4.5。

表 4.5　常见食用油脂中的脂肪酸组成　　　　　　　（单位:%）

名称	脂肪酸组成							
	乳脂	猪油	可可脂	椰子油	棕榈油	花生油	芝麻油	大豆油
己酸	1.4~3.0	—	—	—	—	—	—	—
辛酸	0.5~1.7	—	—	—	—	—	—	—
癸酸	1.7~3.2	—	—	—	—	—	—	—
月桂酸	2.2~4.5	0.1	—	48	—	—	—	—
豆蔻酸	5.4~14.6	1	—	17	0.5~6	0~1	—	—
软脂酸	26~41	26~32	24	9	32~45	6~9	7~9	8
硬脂酸	6.1~11.2	12~16	35	2	2~7	3~6	4~5	4
油酸	18.7~33.4	41~51	38	7	38~52	53~71	37~49	28
亚油酸	0.9~3.7	3~14	2.1	1	5~11	13~27	35~47	53
亚麻酸	—	0~1	—	—	—	—	—	6

4.2.5　EPA 和 DHA

富含多不饱和脂肪酸的油脂往往具有多种保健功能,尤其是富含 EPA、DHA 的油脂已广泛应用于保健食品中。

【注意】本任务中的脂肪酸都存在于甘油三酯中,不是游离脂肪酸。

1) DHA

DHA 是指二十二碳六烯酸,属于 ω-3 脂肪酸。

DHA 的分子结构式如下:

COOH

DHA 是我国市场上出现过的保健食品"脑黄金"的主要功效成分,可促进大脑神经发育、改善记忆和学习功能。目前,在婴幼儿奶粉中也往往添加富含 DHA 的油脂,此外市面上已有企业在销售富含 DHA 的鸡蛋。

有人提倡食用鱼头,因为鱼头中富含卵磷脂、DHA 等有益智力的营养成分。但也有人持反对意见,认为鱼头易富集汞、铅等重金属元素,对人体危害大。

2)EPA

EPA 是指二十碳五烯酸,属于 ω-3 脂肪酸。深海鱼油类保健食品的主要功能是降血脂,主要功效成分是 EPA。

【任务】写出 EPA 的分子结构式。

高级技术

食用植物调和油是用两种及两种以上的食用植物油调配制成的食用油脂,如风味调和油、营养调和油和煎炸调和油。例如,某品牌调和油宣传饱和脂肪酸:单不饱和脂肪酸:多不饱和脂肪酸为1:1:1,符合人体健康均衡需要。

食品安全国家标准 植物油

《食品安全国家标准 植物油》(GB 2716—2018)规定,食用植物调和油的标签标识应注明各种食用植物油的比例,使消费者可以对比产品进行选择。

思考练习

1.亚油酸是(　　　)。

 A.十八碳三烯酸　 B.十八碳二烯酸

 C.二十二碳六烯酸   D.二十碳五烯酸

2.$C_{18:0}$是(　　　)。

 A.单不饱和脂肪酸   B.多不饱和脂肪酸

 C.饱和脂肪酸   D.类脂

3.根据脂质的化学组成,脂肪酸属于(　　　)。

 A.简单脂质 B.复合脂质 C.衍生脂质 D.以上都不是

4.亚油酸 $CH_3(CH_2)_4CH = CHCH_2CH = CH(CH_2)_7COOH$ 的简写符号是(　　　)。

 A.18:1ω9   B.18:2ω3   C.18:3ω6   D.18:2ω6

任务 4.3　脂肪的性质

【思政导读】

媒体报道不法之徒利用油脂不溶于水且比水轻的特性,掏捞餐馆下水道中的油腻悬浮物,然后通过过滤、脱色、脱酸等工艺将其加工成地沟油(和普通食用油从感官上难以分辨),并通过粮油批发市场销售,严重危害消费者的身体健康。

教师组织学生交流地沟油案例及其危害,讨论检测地沟油有哪些方法、采取什么措施解决地沟油问题,引导学生树立遵纪守法、勇担食品安全责任、保持职业道德的观念,同时培养科学态度,针对地沟油问题开展科研创新,努力提高我国食品安全水平。

脂肪的物理性质包括色泽与气味、熔点与沸点、溶解性、塑性等;脂肪的化学性质包括水解、皂化、氢化、氧化酸败等。

4.3.1　油脂的色泽与气味

1)油脂的色泽

油脂是良好的脂溶性溶剂,可以溶解脂溶性维生素、某些天然色素以及香气物质。

天然油脂常具有各种颜色,如棕黄、黄绿、黄褐色等,这是因为它溶有各种脂溶性色素,如类胡萝卜素、叶绿素、叶黄素等,影响油脂的外观和稳定性。在油脂精炼加工中,需要对毛油(没经过精炼加工的初级油)进行脱色处理。

工业生产中应用最广的是吸附脱色法,即采用活性白土、酸性白土、活性炭等吸附毛油中的各种色素物质,再过滤除去吸附剂及杂质,达到色泽变浅的目的。

2)油脂的气味

芝麻油、花生油、大豆油等天然油脂具有特殊的气味和滋味,一般是由其所溶有的非脂肪成分引起的。

4.3.2　熔点与发烟点

1)油脂的熔点

天然油脂是由多种甘油三酯组成的混合物,没有确定的熔点,仅有一定的熔点范围。此外,油脂存在同质多晶现象,即同一种油脂可以形成不同晶体结构,这也是油脂无确定熔点的原因之一。常见食用油脂的熔点范围见表4.6。

表 4.6　常见食用油脂的熔点范围

油脂	大豆油	花生油	葵花籽油	黄油	猪油	牛油
熔点/℃	−18~−8	0~3	−19~−16	28~42	36~50	42~50

一般来说,甘油三酯中脂肪酸的碳链越长,饱和度越高,熔点越高。植物油的不饱和脂肪酸含量高,使得其含熔点低的甘油三酯多,在室温下多呈液态;而在室温下,含熔点高的甘油三酯多的油脂则呈固态。

值得注意的是,花生油在室温下澄清,在 12 ℃ 以下会出现絮状物、半凝固现象,影响花生油的感官品质,而温度上升后,花生油重新变澄清。这是一个物理变化,但容易造成消费者对花生油质量的担忧。

【思考】作为超市销售人员,你如何向消费者解释花生油的这种半凝固现象?

2)油脂的发烟点

油脂的发烟点是指在不通风的情况下加热油脂观察到试样出现稀薄蓝烟时的温度。未精炼的油脂,特别是游离脂肪酸含量高的油脂,其发烟点大大降低。因此,发烟点可用于评价油脂精炼的程度。几种油脂的发烟点见表 4.7。

表 4.7　几种油脂的发烟点

油脂种类	发烟点/℃	油脂种类	发烟点/℃
大豆油(压榨油粗制)	181	橄榄油	199
大豆油(萃取油粗制)	210	大豆油(精制)	256

4.3.3　溶解性

1)性质

油脂不溶于水,且比水轻,其密度为 0.9~0.95 g/cm³。因此,将油、水混合后,油会逐渐上浮,与水分离。例如,日常炖排骨会看到排骨汤上漂着一层油。

油脂易溶于汽油、乙醚、石油醚、氯仿、丙酮、苯等有机溶剂中。例如,索氏提取法可用于食品中粗脂肪含量的测定,即将经前处理而分散且干燥的样品,用无水乙醚或石油醚等溶剂回流提取,使样品中的脂肪进入溶剂中,回收溶剂后所得到的残留物即为粗脂肪,然后再计算出样品的粗脂肪含量。

2)油脂的制取

一般油脂的制取方法有机械压榨法、溶剂浸出法、熬炼法(如猪油的提取)等。

一些地区的人们喜欢购买榨油小作坊现场机械压榨法制取的花生油(后续未经过精炼加工),认为其风味醇香,在加工过程中不添加任何化学物质,绿色健康。但是这种机械压榨法存在饼粕的残油量高、出油率低,以及后续未精炼加工而容易出现氧化酸败、保质期短等问题。此外,需要注意所用花生原料是否存在霉变的问题,否则这种方法制取的花生油在后续未经精炼加工的情况下容易出现黄曲霉毒素超标问题,导致人体中毒。

因此,建议消费者通过正规渠道购买品牌花生油产品。因为专业的花生油加工企业会选择优质的花生原料,并采用色选机挑选、人工挑选等方法将发霉、发芽等不合格花生原料去除,以有效地降低花生油毛油中黄曲霉毒素含量,同时严格控制花生压榨的工艺条件(如花生炒制温度和时间控制不当而炒焦,会产生 3,4-苯并芘等有害物质),并对机械压榨法制取的花生油毛油进行除杂、脱胶、脱酸、脱色、脱臭等精炼加工,对每批产品进行黄曲霉毒素检测,以确保花生油产品的品质达标。

【补充】目前市面上已有家用榨油机,消费者可在家自制花生油,但应挑选没有霉变的花生作为原料。

食品安全国家标准
食品添加剂 植物油
抽提溶剂

我国每年大量进口转基因大豆,其出油率高,是目前我国大豆油加工企业普遍采用的原料。在工业生产中,大豆油往往采用溶剂浸出法提取。其工艺为:用植物油抽提溶剂将含有油脂的油料料坯进行浸泡,使料坯中的油脂被萃取溶解在溶剂中,再过滤得到含有溶剂和油脂的混合油;加热混合油,使溶剂挥发并分离得到毛油;挥发出来的溶剂气体,经过冷却回收,循环使用。

溶剂浸出法的优点是:出油率高、饼粕可用于加工饲料、加工成本低;缺点是:一次投资大,浸出溶剂一般为易燃、易爆物质,生产安全性差,存在溶剂残留的问题。《食品安全国家标准 植物油》(GB 2716—2018)规定,食用植物油(包括调和油)的溶剂残留量≤20 mg/g。

4.3.4 乳化

1)乳化剂

乳化剂是同时具有亲水基团、亲油基团的表面活性剂,它可介于油和水的中间,显著降低油水两相的界面张力,使一相以细滴形式均匀地分散于另一相,形成稳定的乳状液。油、水在乳化前、乳化后的状态如图 4.1 所示。乳状液微观示意图如图 4.2 所示。

乳化前　　　　乳化后

图 4.1　乳状液

图 4.2　乳状液微观示意图

在乳化剂结构中,亲水基团也称极性基团,一般是溶于水或能被水浸润的基团,如羟基、羧基。亲油基团也称非极性基团、憎水基团、疏水基团,一般为油脂中的烃链。例如,单硬脂酸甘油酯,其分子结构如图4.3所示。

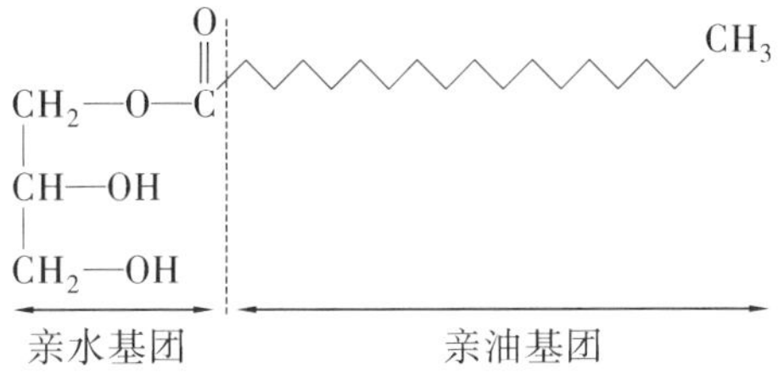

餐具洗涤剂的乳化作用和发泡作用

图 4.3 单硬脂酸甘油酯的分子结构

乳化过程如下:将油、乳化剂及水放在一起,用机械方法搅拌时,乳化剂以亲油性基团一端伸到油内,以亲水基团一端伸到水内,使量少的一相分散成细滴(乳化剂包覆在其表面),这些细滴间的斥力比它们相互间的引力要大,它们不会聚集分层,而是形成了稳定的乳状液(也称乳化液、乳浊液)。

2)乳状液的种类

(1)水包油型乳状液

在水包油(O/W)型乳状液中,油脂以细滴分散在水中。牛乳、豆浆便是天然 O/W 型乳状液。

(2)油包水型乳状液

在油包水(W/O)型乳状液中,水滴悬浮在大量油脂中。如黄油、巧克力就属于这种类型。

3)乳化剂的种类

常见的乳化剂有单、双甘油脂肪酸酯,卵磷脂,蔗糖脂肪酸酯,丙二醇脂肪酸酯等。

HLB 值是指亲水亲油平衡值,为 0～20。其中,HLB 值为 1.5～3 时,在水中不分散,可用作消泡剂;HLB 值为 3.5～6 时,在水中稍分散,可用作油包水型乳化剂;HLB 值为 7～9 时,在水中呈稳定乳状分散,可用作湿润剂;HLB 值为 8～16 时,可用作水包油型乳化剂;HLB 值为 13～15 时,可用作洗涤剂。

4.3.5 脂肪水解

1)水解反应

脂肪在酸、脂肪酶或油炸加热条件下发生水解反应,生成游离脂肪酸和甘油。例如:

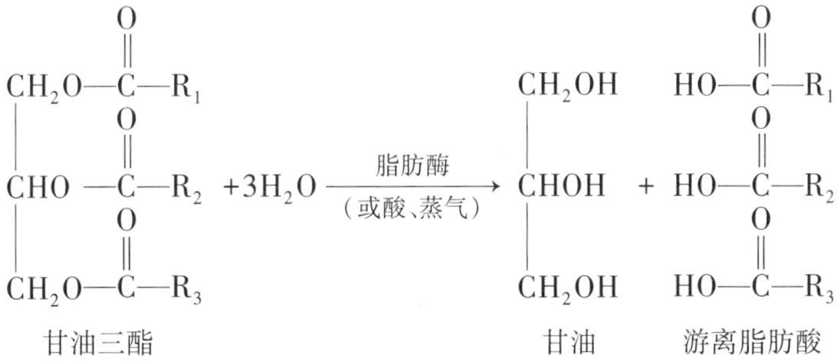

$$
\begin{array}{ccc}
\underset{\text{甘油三酯}}{
\begin{array}{l}
CH_2O-\overset{\overset{O}{\|}}{C}-R_1\\
CHO-\overset{\overset{O}{\|}}{C}-R_2\\
CH_2O-\overset{\overset{O}{\|}}{C}-R_3
\end{array}} +3H_2O
\xrightarrow[\text{(或酸、蒸气)}]{\text{脂肪酶}}
\underset{\text{甘油}}{
\begin{array}{l}
CH_2OH\\
CHOH\\
CH_2OH
\end{array}}
+
\underset{\text{游离脂肪酸}}{
\begin{array}{l}
HO-\overset{\overset{O}{\|}}{C}-R_1\\
HO-\overset{\overset{O}{\|}}{C}-R_2\\
HO-\overset{\overset{O}{\|}}{C}-R_3
\end{array}}
\end{array}
$$

2)皂化反应

脂肪在碱性条件下发生水解反应,产生的游离脂肪酸再与碱反应生成脂肪酸盐,习惯上称为肥皂。因此,把脂肪在碱性溶液中的水解反应称为皂化反应。例如:

$$\begin{array}{c} \text{CH}_2-\text{O}-\overset{\overset{\displaystyle O}{\|}}{\text{C}}-\text{R}_1 \\ \text{R}_2-\overset{\overset{\displaystyle O}{\|}}{\text{C}}-\text{O}-\text{CH} \qquad \overset{\displaystyle O}{\|} \quad +3\text{KOH} \xrightarrow{\triangle} \\ \text{CH}_2-\text{O}-\overset{\overset{\displaystyle O}{\|}}{\text{C}}-\text{R}_3 \end{array} \begin{array}{c} \text{CH}_2-\text{OH} \quad \text{R}_1\text{COOK} \\ \text{CH}-\text{OH} \ + \ \text{R}_2\text{COOK} \\ \text{CH}_2-\text{OH} \quad \text{R}_3\text{COOK} \end{array}$$

甘油三酯 　　　　　　　　甘油　　脂肪酸盐

【任务】写出三硬脂酸甘油酯在氢氧化钠溶液中的皂化反应。

由于脂肪酸盐(脂肪酸钠或脂肪酸钾,是肥皂的主要成分)具有两亲结构,其—COOK基团为亲水基团,易溶于水;而其长链烃基是疏水基团,易溶于油中。通过搓洗,可以使黏附在物品上的油渍被乳化并分散于水中,从而达到去除油污的目的。

疏水部分　　　　　　　　　亲水部分

$$\overset{\displaystyle O}{\underset{\displaystyle \text{C}-\text{O}^- \ \text{K}^+}{\|}}$$

【思考】如果油脂中游离脂肪酸含量高,那么油脂品质好吗? 游离脂肪酸是如何产生的?

3)游离脂肪酸

对植物油脂而言,成熟的油料种子在收获时因其油脂已经发生明显水解而产生游离脂肪酸。此外,未精炼的植物油脂在存放过程中,由于混有水和分泌脂酶的微生物(如曲霉),也会产生大量的游离脂肪酸。

植物油脂中出现较多游离脂肪酸后,油脂的氧化速度会加快,分解出更多的小分子物质,使油脂的发烟点降低,油的品质明显劣化,严重时发生氧化酸败而不能食用。因此,植物油脂需进行脱酸处理(也称碱炼),即加碱(如氢氧化钠溶液)将其中和除去,中和后形成的沉淀物称为皂脚。

【补充】平时讲的脂肪酸是存在于甘油三酯中的,而游离脂肪酸已经成为杂质,需要精炼去除,注意两者的区别。

酸价也称酸值,是指中和1 g油脂中的游离脂肪酸所消耗KOH的毫克数。酸价是油脂中游离脂肪酸含量的标志。酸价越高,表明油脂中游离脂肪酸含量越高,越易发生氧化酸败。

为了保障食用油脂的品质和食用价值,我国食用油质量标准对酸价作了规定。例如,《食品安全国家标准 植物油》(GB 2716—2018)规定,食用植物油(包括调和油)的酸价≤ 3 mg KOH/g。

4.3.6 加成反应

脂肪中不饱和脂肪酸的双键非常活泼,能发生加成反应。加成反应主要有卤化反应和氢化反应两种。

1) 卤化反应

卤素(如单质碘、溴化碘)可以加入脂肪分子中的不饱和双键上,生成饱和的卤化物,这种作用称为卤化。在油脂分析上常用碘价来衡量油脂中所含脂肪酸的不饱和程度。

碘值(IV)也称碘价,是指每100 g油脂吸收碘的质量(以克数表示)。碘价越高,双键越多,一般也越易氧化。由于碘直接与双键的加成反应很慢,一般先将碘转变为溴化碘或氯化碘,再进行加成反应。

$$—CH\!=\!CH— + I_2 \longrightarrow \underset{\underset{I}{|}}{—CH}\!-\!\underset{\underset{I}{|}}{CH}—$$

$$—CH\!=\!CH— + IBr \longrightarrow \underset{\underset{I}{|}}{—CH}\!-\!\underset{\underset{Br}{|}}{CH}—$$

根据碘价,可以把油脂分为3种。

(1)干性油

干性油是指碘价大于130的油脂。这类油脂含有大量的高不饱和脂肪酸,极易氧化聚合,干性强(易聚合成膜)。例如,桐油是干性油,适宜用作油漆用油,而不适宜用作食品用油。

(2)半干性油

半干性油是指碘价为90~130的油脂,如大豆油、菜籽油、芝麻油、葵花籽油等。

(3)不干性油

不干性油是指碘价低于90的油脂。这类油脂在贮存和加工过程中稳定性较好,不易氧化聚合,适宜用作食品和烹饪加工用油,如棕榈油、椰子油、花生油都属于这类油脂。

2) 氢化反应

脂肪中的不饱和脂肪酸在催化剂(如镍、铂等)、高温、高压条件下,在不饱和键上加氢的反应称为氢化反应。

$$—CH_2—CH\!=\!CH—CH_2—$$

$$\downarrow {+H}$$

$$—CH_2—\underset{\underset{H}{|}}{CH}\!-\!\underset{\underset{H}{|}}{CH}—CH_2—$$

油脂的氢化反应分为部分氢化反应和完全氢化反应两种。部分氢化的油脂称为氢化油,如快餐店的煎炸油;完全氢化的油脂称为硬化油,往往非常坚硬,多用于肥皂加工。

$$
\begin{array}{l}
CH_2\text{—}OOCC_{17}H_{33} \\
| \\
CH\text{—}OOCC_{17}H_{33} \quad +3H_2 \xrightarrow[250\,℃]{Ni} \\
| \\
CH_2\text{—}OOCC_{17}H_{33}
\end{array}
\qquad
\begin{array}{l}
CH_2\text{—}OOCC_{17}H_{35} \\
| \\
CH\text{—}OOCC_{17}H_{35} \\
| \\
CH_2\text{—}OOCC_{17}H_{35}
\end{array}
$$

三油酸甘油酯 　　　　　　　　　　　三硬脂酸甘油酯

天然的固态脂肪来源有限、产量较小,而液态的油则来源广泛、产量大。液态的油经过氢化反应可以生成半固态、固态的脂肪,如煎炸油、起酥油、人造奶油等,可以更好地满足食品加工的需求,广泛用于面包、蛋糕、奶茶等食品中。

油脂氢化后其碘价下降,熔点上升,固体脂数量增加,稳定性提高,颜色变浅,风味改变,便于运输和贮存。

但是在油脂氢化反应过程中,有一部分剩余不饱和脂肪酸发生了"构型转变",部分双键从天然的"顺式"结构异化成"反式"结构,从而形成了反式脂肪酸(存在于甘油三酯中)。膳食中的反式脂肪酸大多来源于氢化油。

反式脂肪酸与
人体健康

　　　　研究发现,反式脂肪酸会增加心血管疾病的危险性,如促使血液中的低密度脂蛋白升高、高密度脂蛋白降低、促进动脉硬化和动脉阻塞等。此外,反式脂肪酸可增加乳腺癌、糖尿病的发病率等。这些危害已引起广泛关注。

4.3.7　氧化酸败

油脂贮存过久或贮存条件不当,会产生令人不愉快的哈喇味,口味变苦涩,颜色也逐渐变深,这种现象称为油脂的氧化酸败,这是油脂及含油食品(如薯片、油炸花生、炒葵花籽)品质劣化的主要原因之一。

1)脂肪氧化酸败的类型

(1)油脂的自动氧化

油脂中的不饱和脂肪酸易被空气中的氧气所氧化,生成氢过氧化物。而氢过氧化物(以 ROOH 表示)不稳定,继续分解产生具有挥发性的产物(低分子醛、酮和羧酸等),会产生令人不愉快的气味,同时造成油脂的酸价和过氧化值增大。

其中,过氧化值(POV)是指 1 kg 油脂中所含氢过氧化物的物质的量(以毫摩尔数表示)。过氧化值是一种反映油脂和脂肪酸等的氧化程度的指标。

油脂的自动氧化是油脂及含油食品最主要的氧化酸败类型,是自由基链式反应的过程。油脂直接与氧气反应产生氢过氧化物是很难的(该反应的活化能很高),因此自动氧化反应中最初自由基的产生需要引发剂帮助。例如,光线(尤其是紫外线)是一种引发剂,可将氧气变成激发态氧,参与光敏氧化,生成氢过氧化物,并引发自动氧化链式反应。

【补充】食品中存在的某些天然色素(如叶绿素)是光敏化剂,受到光照后吸收能量被激发,成为活化分子,可以直接与油脂作用生成自由基,从而引发油脂自动氧化。因此,油脂精炼中,需要进行脱色处理。

(2)β-型氧化酸败

β-型氧化酸败也称酮酸酸败,是指油脂水解后产生的饱和脂肪酸,在脱氢酶、脱羧酶等酶(由污染油脂的微生物分泌)的催化下发生的氧化酸败。β-型氧化酸败最终生成具有刺激性臭味的 β-酮酸和甲基酮(具有苦味及臭味)。

(3)水解型氧化酸败

含低级脂肪酸较多的油脂(奶油、椰子油),在被微生物污染及油脂含水分过高时,可以使油脂在酶(动植物组织残渣中的酶,或微生物产生的酶)的作用下发生水解,生成游离的低级脂肪酸(丁酸、己酸、辛酸等),使油脂发生变质,并产生令人不愉快的刺激性气味。

总之,油脂氧化酸败后,会产生强烈的异味,降低油脂的营养价值(如破坏脂溶性维生素、必需脂肪酸),并产生很多对人体有害的物质。

【补充】目前,市面上已有食用油过氧化值快速测试纸、食用油酸价快速测试纸,几分钟就可以出结果,可以用于饭堂、酒楼所用食用油品质的快速筛查。

食用油过氧化值快速测试纸的检测原理是:以纸片作为载体,显色剂与过氧化物进行反应,纸片上显色的程度与过氧化物的含量成正比,以此达到过氧化值的半定量检测。

食用油过氧化值快速测试纸的基本操作是:将油样温度调整至25 ℃左右;直接取植物油样品适量(约5 mL)于清洁干燥的容器中;将试纸端插入油样中并开始计时,试纸插入油样1~2秒立即取出;将试纸块面朝上平放,反应时间为60秒左右;将试纸颜色与比色卡比较,报告结果。

2)影响油脂氧化酸败的因素

(1)油脂中脂肪酸的类型

油脂中含有的多不饱和脂肪酸比例越高,其氧化酸败速度就越快;油脂中游离脂肪酸含量增加(酸价升高)时,会加快油脂氧化酸败的速度。

(2)氧气

一般来说,脂肪自动氧化速度随大气中氧分压的增加而增加。

(3)温度

高温可加速油脂氧化,这是因为高温能促进自由基的生成,也可促进氢过氧化物的进一步变化。

(4)光线

光线(特别是紫外线)是油脂自动氧化链反应的引发剂,能提高自由基的生成速度,加速油脂的自动氧化。对油脂及含油食品采用避光包装,有利于减缓油脂氧化酸败。

(5)催化剂

油脂中存在许多助氧化物质,特别是铁、铜、锰等金属离子具有显著的影响,它们是油脂自动氧化的强力催化剂,可大大缩短油脂氧化的诱导期,加快油脂氧化酸败速度。

(6)水分

一般认为油脂中含水量超过0.2%,水解型氧化酸败作用会加强。油脂应密闭包装,避免水分混入和微生物污染。

(7)抗氧化剂

抗氧化剂主要是通过抑制自由基的生成和终止链式反应抑制氧化反应的。例如,维生素E、特丁基对苯二酚(TBHQ)、没食子酸丙酯(PG)等脂溶性抗氧化剂都具有减缓油脂自动氧化的作用。

特丁基对苯二酚(TBHQ)　　　　　没食子酸丙酯(PG)

脂溶性抗氧化剂只能延缓油脂开始氧化的时间,但不能改变油脂已经氧化酸败的结果。因此,使用脂溶性抗氧化剂时,应在油脂未受到氧化作用(如油脂精炼加工后),或刚开始氧化时加入。

3) 阻止含油食品氧化酸败的方法

阻止含油食品(如薯片、油炸花生、炒葵花籽)发生油脂氧化酸败最普遍的方法是:排除氧气,采用真空包装或充氮气包装(如膨化食品);使用透气性低的有色或遮光包装材料,并尽可能避免在食品加工中混入铁、铜等金属离子;使用合适的抗氧化剂;低温贮存;避免微生物混入。

4) 油脂脱臭

氧化酸败的油脂会产生小分子的醛、酮等物质,使油脂产生臭味,需要进行脱臭处理,这是油脂精炼加工的重要步骤。

真空蒸汽脱臭法是目前国内外应用最为广泛的方法,它是利用油脂内的臭味物质和甘油三酯的挥发性的差异,在高温、高真空条件下,借助水蒸气蒸馏的原理,使油脂中引起臭味的挥发性物质在脱臭器内与水蒸气一起逸出而达到脱臭的目的。

【思考】油脂的精炼加工有哪几个步骤?每个步骤的作用是什么?

 高级技术

油脂经高温或长时间加热后,其色泽变深,黏度增大,易发烟,这是由于油脂发生了热变性,即在高温条件下,油脂发生了热聚合、热氧化、分解、水解和缩合等化学反应,并产生了有毒、有害的物质。长期食用这样的油脂会影响人体健康,甚至引发肿瘤。

为了减弱油脂的热变性,在油炸加工方便面、油条、麻花、快餐食品等时,油温不宜超过180 ℃,且需要监控煎炸油的质量(如定时测定煎炸油的酸价、过氧化值等),并循环过滤除去油渣,避免煎炸油的反复使用,必要时更换新油。

思考练习

1.(   )不是水包油型乳状液。

A.牛奶　　　　　B.人造奶油　　　　　C.豆浆　　　　　D.椰奶

2.油脂水解后的共同产物是(   )。

A.硬脂酸　　　　B.甘油　　　　　　　C.葡萄糖　　　　D.油酸

3.食品店出售的冰激凌含有氢化油,氢化油是以多种植物油为原料制得的,这时发生的是(   )。

A.水解反应　　　B.聚合反应　　　　　C.加成反应　　　D.氧化反应

4.酸败的油脂往往具有(   )。

A.胺臭味　　　　B.芳香味　　　　　　C.酒味　　　　　D.哈喇味

5.植物油中常见的天然抗氧化剂是(   )。

A.生育酚　　　　　　　　　　　B.2,6-二叔丁基-4-甲基苯酚(BHT)

C.TBHQ　　　　　　　　　　　D.谷维素

6.下列是判断油脂不饱和度指标的是(   )。

A.酸价　　　　　B.碘值　　　　　　　C.酯值　　　　　D.皂化值

7.测定油脂的过氧化值,所得值越大,可判断油脂越新鲜。(   )

A.对　　　　　　B.错

8.酸价是指中和1 g油脂中所含全部游离脂肪酸和结合脂肪所需氢氧化钾的质量。(   )

A.对　　　　　　B.错

9.机械压榨法制取油脂和溶剂浸出法制取油脂都属于物理方法。(   )

A.对　　　　　　B.错

项目5 水

项目描述

本项目主要学习水的理化性质、水分活度在食品加工保藏中的应用。

学习目标

◎掌握自由水、结合水在食品加工保藏中的应用。

◎理解水分活度在食品加工保藏中的应用。

能力目标

◎能运用水的理化性质解决食品加工保藏中的问题。

教学提示

◎教师应提前从网上下载相关视频,结合视频辅助教学,包括食品干燥剂使用、食品干制加工等视频。

任务 5.1　食品中的水

【思政导读】

习近平总书记强调，"中国人的饭碗要牢牢端在自己手中"，对于一个有着14亿多人口的大国，粮食关系国家战略、经济发展和社会民生。目前，我国标准粮食仓房完好仓容近7亿吨，仓储条件总体达到世界较先进水平。粮食收储不当，容易出现储粮霉变发热等问题。已有科研院所开发防治技术，主要解决储粮过程中霉变早期预防，以及针对已经出现的霉变发热情况采取应对治理措施，这对保证储粮质量安全、减少粮食损失具有十分重要的作用。

教师组织学生讨论粮食安全的重要性，结合食品生物化学知识分析粮食霉变的原因及预防措施，拓展家里存放大米的注意事项，引导学生树立"中国人的饭碗要牢牢端在自己手中"的观念，培养节约粮食、食品安全、科技创新的意识。

水是大多数食品的主要成分，水的含量通常为70%~80%，超过其他成分的含量。例如，黑木耳干制后很轻，而浸水后，明显增大增重。水的含量和分布对食品的外观、质地、风味、新鲜程度和腐败变质速度等影响极大，对食品加工保藏影响重大。

5.1.1　水的性质

1）基本性质参数

水的物理常数见表5.1。

表 5.1　水的物理常数

相对分子质量	18.015 3	熔化热(0 ℃)/(kJ·mol⁻¹)		6.012
熔点(101.3 kPa)/℃	0.00	蒸发热(100 ℃)/(kJ·mol⁻¹)		40.657
沸点(101.3 kPa)/℃	100.00	升华热(100 ℃)/(kJ·mol⁻¹)		50.910
三相点	0.01 ℃ 和 611.73 Pa			
其他性质	20 ℃（水）	0 ℃（水）	0 ℃（冰）	−20 ℃（冰）
密度/(g·cm⁻³)	0.998 21	0.999 84	0.916 8	0.919 3

2）沸点

在大气压为101.3 kPa时，水的沸点为100 ℃。水的沸点随压力的增大而升高；在减压的情况下,水的沸点降低,如压力降低到 2.33 kPa 时,水在 20 ℃即可沸腾。

在食品生产中,利用高压获得较高的蒸汽温度,可以使食品迅速煮熟,也可以增强杀菌作用。家庭用压力锅、电压力锅也是利用这个原理。此外,在炒板栗的时候,往往需要将板栗壳划开,否则加热过程中,板栗中水分受热将产生高压蒸汽使板栗炸开。

【拓展】在青藏高原等高海拔地区,气压低,水的沸点降低,食品不容易煮熟,需要用高压锅来煮熟食品。

3) 溶解性

水是食品加工中重要的溶剂,如用水溶解白砂糖配制糖浆、水溶解盐进行咸蛋腌制。此外,常用浸泡、焯水等方法去除异味和有害物质,如鲜黄花菜中含有对人体有害的秋水仙碱(易溶于水),可在水中浸泡 2 小时或用热水烫焯以去除。

但是,水作为溶剂,在食品加工中也有消极作用,如一些水溶性营养物质和风味物质被水溶解后,就会流失。

5.1.2　食品的水分含量

水是食品的重要组分,各种食品都有特定的水分含量(也称含水量)。一些常见食品的水分含量见表 5.2。

表 5.2　常见食品的水分含量

食品名称	水分含量/%	食品名称	水分含量/%	食品名称	水分含量/%
番茄	95	鸡肉	70	冰激凌	65~68
莴苣	95	猪肉	65	白砂糖	< 1
卷心菜	92	面包	35	蛋糕	20~24
啤酒	90	果酱	28	饼干	2.5~4.5
柑橘	87	蜂蜜	20	谷类	12~16
苹果汁	87	奶油	16	豆类	12~16
牛奶	87	奶粉	4	蛋类	67
马铃薯	78	酥油	0	蘑菇类	88~95

水分含量是许多食品原料及其成品鲜嫩的重要指标。例如,刚采摘的果蔬水分含量高,就显得鲜嫩,而一旦失去水分,它们就会枯萎、皱缩,表面干瘪。

在许多食品标准中,水分含量都是一个重要的指标。例如,酱油酿造企业会对原料进行水分含量测定,若不符合企业标准,则会要求原料供应商退货或折价处理。

对于冬枣、李子等水果而言,成熟采摘时,若遇到连日雨天,水果就会因水分含量太高而出现裂果现象,失去商品价值。有些种植者会加盖防雨棚,减少裂果问题发生。

【思考】马铃薯中含有大量水分,但在切开时一般都不会大量流出,为什么?

5.1.3 食品中水的分类

食品中的水被不同的作用力所系着,其中由氢键结合力系着的水称为结合水,也称束缚水;而由非氢键结合力(如毛细管力)系着的水称为自由水,也称游离水。

1)结合水

在食品中,大部分的结合水是和蛋白质、糖类(淀粉、纤维素、果胶等)等结合的。这些蛋白质、糖类中含有的氨基、羧基、羟基等基团能以氢键形式牢固地结合水分子,使水分子不能自由移动。

根据被结合的牢固程度,结合水可分为化合水、单分子层结合水和多分子层结合水。

(1)化合水

化合水也称构成水,是指结合最牢固的构成非水物质的那部分水,如一水柠檬酸中含有的结晶水分子。

(2)单分子层结合水

单分子层结合水也称邻近水,是指与食品中非水成分的亲水性最强的基团(如羧基、氨基、羟基等)直接以氢键结合的第一层水,结合牢固,呈单分子层。

(3)多分子层结合水

多分子层结合水也称多层水,是指水与非水成分中的弱极性基团以氢键结合形成,结合较不牢固,且呈多分子层。

2)自由水

自由水可分为滞化水、毛细管水和自由流动水。

(1)滞化水

滞化水也称不可移动水、截留水,是指被食品组织中的显微和亚显微结构与膜所截留的水,不能自由流动。猪肉或牛肉中,大部分水分为滞化水,使得肉中水分不易流出,也不易被挤出,但可通过加热干燥脱除(如牛肉干加工)。

(2)毛细管水

毛细管水也称细胞间水,是指在食品的组织结构中,存在着一种由毛细管力所截留的水。这些毛细管是动植物体内天然形成的,由亲水物质组成,且毛细管的内径很小,具有较强的截留水的能力。毛细管水与一般水没有区别。

(3)自由流动水

自由流动水是指动物的血浆、尿液、植物的导管和细胞液泡中的水,可自由流动。

综上,食品中水的分类与特征见表5.3。

表 5.3　食品中水的分类与特征

分类		特征	典型食品中的含量/%
结合水	化合水	食品中非水成分的组成部分,结合最牢固	<0.03
	单分子层结合水	与非水成分的亲水基团强烈作用,以氢键结合的第一层水,结合牢固	0.1~0.9
	多分子层结合水	在单分子层外形成,结合较不牢固	1~5
自由水	自由流动水	自由流动,以水-水氢键结合为主	5~96
	滞化水、毛细管水	容纳于凝胶(如果冻、豆腐)或基质中,不能自由流动,可以加热干燥脱除	5~96

从位置上看,结合水存在于非水组分(蛋白质、淀粉等)附近,而自由水远离非水组分;在高水分食品的总水分中,结合水小于5%,其余为自由水。结合水和自由水之间的界限很难定量地划分,只能作定性的区别。

5.1.4　结合水、自由水的特点

1)结合水的冰点比自由水的低

与纯水相比,结合水的冰点大为降低,甚至在-40 ℃不结冰;而自由水易结冰,冰点略微比纯水低。

香蕉果肉冷冻再解冻的状态

　　多汁的组织(新鲜水果、蔬菜、瘦肉等)含有大量的水(主要为自由水),由于冻结过程中,自由水容易结冰(尤其是形成数量少、个体大的尖锐冰晶),使得细胞结构被冰晶破坏,解冻后组织不同程度地崩溃。例如,冷冻猪肉在解冻过程中出现血水(汁液流失现象),就是上述原因造成的。此外,因食品中的水缓慢冻结导致细胞破裂,当解冻后酶原来的位置发生改变,与底物接触,使酶发挥催化作用,如东北的冻梨,将梨冷冻后再解冻,梨容易褐变。

结合水不易结冰的性质,使得植物的种子、微生物的孢子(都几乎没有自由水)得以在很低的温度下保持其生命力,提高了抗逆性。

【拓展】有的南方企业将当地的新鲜竹笋销售到东北地区,结果出现东北温度过低、保温措施不到位,进而发生竹笋被冻坏、解冻后竹笋制作的菜肴口感差的问题,损失严重。

2)结合水不能作为溶剂,自由水可以作为溶剂

一般来说,自由水含量高,食品中各种生物化学反应容易发生。例如,使用黄豆制作黄豆芽时,先将黄豆浸泡吸水,增加自由水的含量,促进各种生化反应发生,有利于萌发。市场上的芽苗菜利用的也是类似的原理。

3)结合水不能被微生物利用,自由水易被微生物利用

例如,稻谷水分含量超过14.5%时,表明稻谷中自由水含量高了,则稻谷的呼吸强度会骤然增加,释放出热量和水分(若将手插进稻谷中会感觉到发热),意味着此时稻谷容易发生霉变。因此,粮食收获后,应及时晾晒,避免发霉。

食品干制就是对食品进行加热干燥处理,将自由水除去,以抑制微生物的生长繁殖。例如,新鲜香菇、红枣、核桃晒干或烘干后才能长期保存。

4)结合水比自由水难蒸发去除

在100 ℃以下,结合水不能从食品中分离出来,而自由水容易加热蒸发去除。

【补充】食品中的水分含量是指常压、105 ℃条件下恒重后受试食品质量的减少量。

 思考练习

1.如果蛋糕与饼干放在同一密闭容器中,饼干水分含量如何变化?(　　　)
　　A.升高　　　　　　B.降低　　　　　　C.不变化　　　　　　D.不能确定
2.新鲜猪肉中结合水多还是自由水多?
3.为什么多汁的果蔬在冻结后组织易被破坏?

任务 5.2　水分活度

【思政导读】

生石灰作为干燥剂可配备于雪饼、紫菜等产品中,也可作为发热包配备于自热火锅、自热米饭等产品中。但以往发生过儿童将生石灰干燥剂装入密闭的水瓶后水瓶爆炸伤眼的事故。

教师引导学生培养辩证思维能力,树立科学态度、安全意识。

5.2.1　水分活度的概念

水分活度(A_w 或 a_w)是指食品的水分蒸气压 p 和同一温度下纯水的饱和蒸气压 p_0 之比,即

$$A_w = \frac{p}{p_0} = \frac{ERH}{100}$$

式中　A_w——水分活度;

　　　p——溶液或食品表面的水分蒸气压;

p_0——同温度下纯水的饱和蒸气压；

ERH——平衡相对湿度。

水分活度测定仪
的介绍

对于纯水而言，因 p 和 p_0 相等，故水分活度为1；在食品中，糖类、氨基酸、无机盐等会使一部分水分以结合水的形式存在，而结合水的蒸气压远比纯水的蒸气压低，因此食品的水分活度总是小于1。

食品的水分活度可通过水分活度测定仪测定，比直接测定自由水、结合水含量简便很多。

5.2.2　水分活度与水分含量的关系

以水分活度为横坐标，以每克干物质中水分含量（g H_2O/g 干物质）为纵坐标，描绘在某恒定温度下的水分活度与水分含量的关系，即水分吸附等温线，如图 5.1 所示。

由图 5.1 可知，在高水分含量区（水分含量大于 1 g H_2O/g 干物质），水分活度接近1.0；在低水分含量区，水分含量的少量变动即可引起水分活度的极大变动。

例如，奶粉的水分含量很低，水分活度也低，微生物不易繁殖，奶粉可以长期保存；但是将奶粉包装打开后，奶粉从空气中吸收水分，导致水分含量少量增加，但奶粉水分活度显著升高，从而导致奶粉结块、微生物繁殖，大大缩短奶粉的保质期。因此，未开封的奶粉在适当的条件下（阴凉、干燥、通风），保质期通常在 12～24 个月；而开封的奶粉，建议在 1 个月内食用完毕，以免奶粉因接触空气中的水分和微生物而变质。

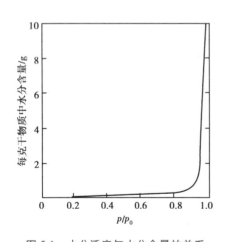

图 5.1　水分活度与水分含量的关系

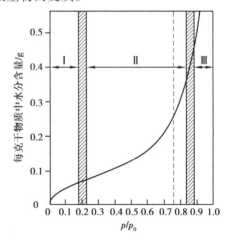

图 5.2　低水分含量范围食品
的水分吸附等温线

5.2.3　水分活度与自由水、结合水的关系

低水分含量范围食品的水分吸附等温线如图 5.2 所示，该图反映了水分活度与自由水、结合水的关系。

将图 5.2 中的曲线分为 3 个区间。

（1）Ⅰ区

Ⅰ区为化合水和单分子层结合水。这部分水能比较牢固地与非水成分结合，是食品中最不容易丢失的水，因此水分活度较低，一般为0～0.25，相当于物料的水分含量0～0.07 g H_2O/g干物质。要使食品具有最高的稳定性，最好将水分活度保持在该区间内。

（2）Ⅱ区

Ⅱ区主要为多分子层结合水。这部分水占据固形物表面第一层的剩余位置和亲水基团（如酰胺基、羧基等）周围的另外几层位置。这部分水的水分活度一般为0.25～0.80，相当于物料的水分含量0.07 g H_2O/g干物质至0.14～0.33 g H_2O/g干物质（不同食品，其Ⅱ区值不同）。

（3）Ⅲ区

Ⅲ区为自由水，是食品中与非水物质结合最不牢固的水。这部分水的水分活度为0.80～0.99，相当于物料的水分含量最低为0.14～0.33 g H_2O/g干物质。这部分水有利于化学反应的发生和微生物的生长，对食品的稳定性有着重要影响。

5.2.4 水分活度对食品稳定性的影响

1）对食品质构的影响

不同的食品需要保持不同的水分活度。例如，饼干、爆玉米花等为了保持口感酥脆（或奶粉、豆奶粉、速溶咖啡等为了避免结块），需要使产品保持较低的水分活度。

在食品保藏过程中，可通过各种食品包装来创造适宜的小环境，尽可能满足不同食品的水分活度要求。如雪饼、仙贝等除单独有小包装外，还在外包装袋中加入袋装干燥剂。

食品中使用的干燥剂有两种：一种是生石灰（氧化钙），可吸收包装袋内的水分，生成氢氧化钙，从而保持食品的低水分活度状态；另一种是硅胶，使用安全，但价格较贵。

【拓展】方便面中面饼和脱水蔬菜所要求的水分活度不同，不能简单地混合包装，否则脱水蔬菜将吸收水分而变质，因此应先将脱水蔬菜单独包装后再和面饼包装在一起。

2）对微生物生长繁殖的影响

食品在贮存、销售过程中，可能生长繁殖微生物，影响食品质量，甚至产生有害物质。当水分活度低于某种微生物生长所需的最低水分活度时，这种微生物就不能生长。

不同的微生物生长都有其适宜的水分活度范围，其中细菌对低水分活度最敏感，酵母菌次之，霉菌的敏感性最差。因此，干制食品吸潮（水分活度提高）后，容易出现发霉现象。

在日常生活中，把新鲜黑木耳晒干制成干木耳，就是去除自由水，降低水分活度，从而抑制微生物的生长繁殖，达到长期保存的目的。而干木耳在使用前，需要用水进行泡发，便于后续加工，但泡发后的木耳应及时加工，否则容易腐败变质。

苦瓜干加工

【注意】干制（晒干或烘干）并不能将微生物全部杀死，只能抑制其活动。干制后，微生物就长期处于休眠状态。环境条件一旦适宜，微生物又会重新吸湿恢复活动。

3)对酶促反应的影响

在食品干制加工中,当水分活度小于 0.80 时,使食品变质的大部分酶的活性受到抑制,如多酚氧化酶、过氧化物酶、淀粉酶等。

需要注意的是,酶活性一般不会因为水分活度低而停止,即使是经脱水干燥处理的蔬菜,若不经热烫使酶失去活性,则无法消除酶促反应产生的青草味。因此,有必要在干制前对食品进行湿热或化学处理,使酶失去活性。

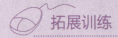
拓展训练

一些不法之徒为了牟取暴利,在市场上销售注水肉,如注水猪肉、注水牛肉。正常肉呈暗红色,且富有弹性,以手按压能很快恢复原状,且无水样液体渗出;而注水肉呈红色,严重者泛白色,以手按压,切面有水样液体渗出,且难恢复原状。

另外,可以采用吸水纸检验法快速鉴别注水肉。具体操作如下:用干净吸水纸附在肉的新切面上,若是正常肉,吸水纸可完整揭下,且可点燃,完全燃烧;若是注水肉则不能完整揭下吸水纸,且揭下的吸水纸不能点燃,或不能完全燃烧。值得注意的是,冷柜中取出的肉,其表面会有冷凝水,不适合用该方法检测。

思考练习

1.一般情况下,食品的水分含量上升,其水分活度会(　　　　)。

    A.上升　　　　　　　　B.下降

2.无论是新鲜的食品还是干燥的食品,其水分含量都是静止不变的。(　　　　)

    A.对　　　　　　　　B.错

3.某食品的水分活度为 0.53,若将该食品放于相对湿度为 85% 的环境中,则食品的质量会(　　　　)。

    A.减小　　　　　　B.不变　　　　　　C.增大　　　　　　D.都不对

4.食品中的水分种类很多,下面不属于同一类的是(　　　　)。

    A.多分子层结合水　　B.化合水　　　　C.单分子层结合水　　D.毛细管水

5.雪饼包装袋内有一个装有白色颗粒状固体的小纸袋,请问小纸袋里面装了什么物质?有什么作用?

项目6 矿物质与维生素

项目描述

本项目主要学习矿物质与维生素的性质及其在食品加工保藏中的应用。

学习目标

掌握几种重要矿物质、维生素的性质。

能力目标

◎能理解影响矿物质生物有效性的因素。

◎能通过书籍、网络、视频,自主学习维生素、矿物质相关知识。

教学提示

◎教师应提前从网上下载相关视频,结合视频辅助教学,包括矿物质生理功能、维生素生理功能等视频。

任务 6.1 矿物质

【思政导读】

第二次世界大战后,日本工业飞速发展,但由于不重视环境保护,工业污染和各种公害病泛滥成灾。例如,日本熊本县水俣湾地区出现了震惊世界的"水俣病",其致病原因就是附近工厂的含汞工业废水污染了河水,人体摄入了被污染的水生鱼类而出现甲基汞中毒。而在日本富山县则出现了"痛痛病",究其原因是当地河流被炼锌厂的含镉污水污染,河水、稻米、鱼虾中富集大量镉,这些镉又通过食物链进入人体富集下来,造成人体出现骨骼软化、身体萎缩、容易骨折的骨痛病。

教师讲解相关案例,引导学生认识到生态环境保护的重要性,树立"绿水青山就是金山银山"的理念,深刻领会习近平生态文明思想,坚持知行合一,努力实现人与自然和谐共生。

6.1.1 矿物质概述

人体内几乎含有自然界存在的所有化学元素,目前能在人体中检测出的矿物质约有70种。除碳、氢、氧、氮4种元素外,其他元素统称为矿物质元素,简称矿物质。在人体内,矿物质总量虽只有体重的4%~5%,但却是人体不可缺少的成分。矿物质在人体内不能合成,必须从食品中摄取。

6.1.2 食品中矿物质的分类

1)根据在人体内的含量进行分类

根据矿物质在人体内的含量,通常将其分为两类,即常量元素和微量元素。

(1)常量元素

含量在0.01%体重以上或膳食中摄入量大于100 mg/d的元素,称为常量元素,包括钙、磷、硫、钾、钠、氯和镁。

(2)微量元素

含量低于0.01%体重的或膳食中摄入量小于100 mg/d的元素,称为微量元素,如铁、锌、铜、碘等。

2)根据对人体健康的影响进行分类

根据矿物质对人体健康的影响,通常将其分为必需元素、有毒元素和非必需元素。

(1)必需元素

必需元素是指正常存在于机体的健康组织中,对机体健康起着重要作用,缺乏可使机体的组织或功能出现异常,补充后可恢复正常或可防止这种异常发生的矿物质。

一般认为人体必需微量元素有 14 种,即铁、锌、铜、碘、锰、钼、钴、硒、铬、镍、锡、硅、氟、钒。

【拓展】铁强化酱油是在酱油中添加少量(175~210 mg/100 mL)乙二胺四乙酸铁钠的酱油。这是因为乙二胺四乙酸铁钠有良好的溶解性,口感好,吸收率高,无铁锈味,不刺激肠胃,不受铁吸收抑制剂影响等优点。

值得注意的是,所有必需元素摄入过量都是有毒的。必需元素的含量与人体生理机能的关系如图 6.1 所示。

食品安全国家标准
食品营养强化剂
使用标准

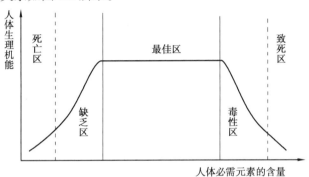

图 6.1　必需元素的含量与人体生理机能的关系

(2)有毒元素

有毒元素是指在正常情况下,人体只需要极小的数量或人体可以耐受极小的数量,剂量高时,即可呈现毒性作用,妨碍及破坏人体正常代谢功能的矿物质。在食品中,有毒元素以汞、镉、铅、砷、铝最为常见。正常情况下,有毒元素通常不会对人体构成威胁;若食品受到"三废"污染,或在食品加工过程中受到污染,则易使人体中毒。

例如,世界卫生组织于 1989 年将铝确定为食品污染物。人体中铝元素含量太高时,会影响肠道对磷、铁、钙等元素的吸收,导致骨质疏松,容易发生骨折;会对中枢神经系统、消化系统、造血系统、免疫功能等均有不良影响,如导致阿尔茨海默病。

防止人体摄入过多铝的措施包括:①在油条、包子、蛋糕等食品加工中,不得使用含铝泡打粉(硫酸铝铵是其主要成分),目前市面上已经推出无铝泡打粉;②减少使用铝制容器,如使用铝锅加热、盛装食品时,尤其是食品中含酸多时,容易导致铝元素过量迁移到食品中。

(3)非必需元素

非必需元素是指对人体代谢无影响,或目前尚未发现影响的矿物质,如溴、硼等。

【提示】矿物质、维生素种类较多,具有不同的生理功能,且在营养课中有更详细的描述,故此处不再重复。有兴趣的同学可以自学相关内容。

6.1.3 矿物质简介

1）钙

钙是人体含量最丰富的矿物质元素。成人体内含钙总量约 1 200 g,占体重的 1.5% ~ 2.0%。正常成年人体内含钙量的 99% 以上存在于骨骼及牙齿中。

我国居民的钙缺乏症较为常见。例如,婴幼儿缺钙时,骨不能正常钙化,易出现骨骼变软、弯曲,称为佝偻病。而骨质疏松常见于老年人,是一种以低骨量和骨组织微结构破坏为特征,导致骨质脆性增加和易于骨折的全身性骨代谢性疾病。

一些食品中的钙含量见表 6.1。此外,蛋壳中碳酸钙含量也非常丰富。

表 6.1 一些食品中的钙含量

食品名称	钙含量/($mg \cdot 100\ g^{-1}$)
牛奶	120
全脂奶粉	1 030
小虾皮	2 000
海带	1 177

白醋泡鸡蛋

人体对钙的吸收不完全,通常有 70% ~ 80% 不被吸收而随粪便排出,主要原因是:钙可与食品中的植酸、草酸(也称乙二酸,HOOC—COOH)等形成不溶性的盐;脂肪摄入过量时,可因大量脂肪酸与钙生成不溶性皂化物而影响吸收;此外,过多摄入膳食纤维也会影响钙的吸收。

【拓展】菠菜中含草酸较多,可与钙形成不溶性盐,妨碍钙的吸收。因此,烹饪菠菜时,可先焯水除去过多的草酸。

也有多种因素可促进钙的吸收。例如,乳酸、氨基酸等均能促进钙的吸收;维生素 D 可促进钙的吸收,使血钙升高,并促进骨骼中钙的形成;乳糖提高钙吸收的程度与其在食品中的含量成正比;蛋白质也促进钙的吸收,这是因为蛋白质消化后产生的氨基酸可与钙形成可溶性配合物。

2）碘

碘在成年人体内含量为 20 ~ 50 mg,其中约 20% 集中于甲状腺。碘的生理功能体现于甲状腺素。甲状腺素的主要生理功能:①促进生物氧化,改善物质的分解代谢;②促进神经系统的发育与分化。

含碘丰富的食品有海带、紫菜等海产品。通常,远离海洋的内陆山区的土壤和空气中含碘量少,水和食品中的含碘量也低,可能成为碘缺乏的地方性甲状腺肿高发区。此外,在胚胎发育期和出生后的早期,碘缺乏会对脑的发育造成严重影响,导致呆小症(也称克汀病)。

目前,补充膳食所需碘、预防碘缺乏症的最简便方法是食用碘盐。日常生活中,应在菜肴快起锅的时候加碘盐,避免碘盐长时间受热而使碘挥发;碘盐放入容器后,要加盖密封,并存放于阴凉、通风、避光处,以保证其功效;购买碘盐一次不宜过多,以避免碘的挥发。

拓展训练

我国强制要求食盐中加碘,即在食盐中加入碘酸钾,而劣质或假冒碘盐中常常检测出含碘量不合格。目前,市面上已有碘盐含碘量速测试剂产品,可以快速确定碘盐合格与否。

真假碘盐的鉴别

用碘盐含碘量速测试剂进行检测的基本操作如下:取少量食盐于白纸上(0.5 cm 的高度);慢慢滴上碘盐速测液 1 滴;待反应颜色稳定后与标准比色卡对照,找到与色阶相同或相近的色点,色点下标示的碘含量即为食盐中的含碘量。

思考练习

1.补充碘可以防止甲状腺肿大,但已肿大者摄入碘并不能使甲状腺复原。
(　　)

    A.对　　　　　　B.错

2.碘盐中含量最多的是(　　　)。

    A.碘酸钾　　　B.碘化钾　　　C.氯化钠　　　D.亚铁氰化钾

3.根据矿物质在人体内的含量可分为常量元素和微量元素,其中微量元素的含量不超过体重的(　　　)。

    A.0.01%　　　B.99.95%　　　C.0.05%　　　D.10%

4.举例说明重金属或有毒物质迁移造成的食品安全隐患。

任务 6.2　维生素

【思政导读】

维生素 A 是一种维持人体正常代谢和机能所必需的脂溶性维生素,是科学家在1912—1914 年发现的。其实早在 1 000 多年前,中国唐代医学家孙思邈在《备急千金要方》中就记载了用动物肝脏可治疗夜盲症。缺乏维生素 A 会使人体患上夜盲症、干眼症、免疫功能低下,有的还会出现皮肤干燥、毛囊角化过度、毛发脱落等症状。

教师安排学生提前查找某种维生素的发现历史、维生素缺乏给人体健康带来的危害，引导学生传承弘扬中医药文化，坚定文化自信，树立用科学造福人类的远大信念。

6.2.1 维生素概述

维生素又称维他命，是一类维持人体正常生命活动和生理功能所必需的小分子有机化合物，在人体内不能合成或合成量很少，需要由食品提供。

维生素可分为脂溶性维生素和水溶性维生素两大类。常见脂溶性维生素包括维生素A、维生素D、维生素E和维生素K，它们易溶于非极性有机溶剂，难溶于水，可随脂肪为人体吸收并在体内储存。水溶性维生素包括维生素C和B族维生素，它们易溶于水而难溶于非极性有机溶剂，吸收后体内储存很少（当血中浓度超过肾阈值时，即从尿排出），因此需从膳食中不断供应，也少有中毒现象。

孙思邈与维生素

6.2.2 维生素种类

1）维生素 B_1

维生素 B_1 又称硫胺素、抗脚气病维生素，它是白色晶体，耐热，易溶于水，在酸溶液中稳定，遇碱易分解。维生素 B_1 在体内以硫胺素焦磷酸（TPP）的形式存在。硫胺素焦磷酸是 α-酮戊二酸脱氢酶系、丙酮酸脱氢酶系和转酮酶的辅酶，而这些酶是催化糖代谢的酶。维生素 B_1 缺乏时，人体的糖代谢受到影响，可出现多发性神经炎、皮肤麻木、四肢无力、下肢浮肿等现象，临床上称为脚气病。

2）维生素 B_2

维生素 B_2 又称核黄素，为橙黄色针状晶体，味微苦，水溶液有黄绿色荧光，在碱性或光照条件下极易分解。维生素 B_2 在体内以黄素单核苷酸（FMN）和黄素腺嘌呤二核苷酸（FAD）两种形式存在，它们是生物体内氧化还原酶的辅基，能促进糖类、脂类和蛋白质的代谢。

3）维生素 B_5

维生素 B_5 也称泛酸，为淡黄色油状物，在酸性溶液中易分解。它在体内的活性形式为辅酶A（CoA-SH或CoA），广泛参与糖类、脂类、蛋白质代谢等。

4）维生素 PP

维生素 PP 又称维生素 B_3、抗癞皮病维生素，包括烟酸及烟酰胺，两者在体内可相互转化。维生素 PP 在体内的活性形式为烟酰胺腺嘌呤二核苷酸（辅酶 I，NAD^+）和烟酰胺腺嘌呤二核苷酸磷酸（辅酶 II，$NADP^+$），它们是氧化还原酶的辅酶。

5）维生素 C

维生素 C 又称 L-抗坏血酸,为无色片状结晶,呈酸性,在酸性溶液中稳定,在中性或碱性溶液中受热容易被氧化破坏。维生素 C 的主要生理功能是:参与氧化还原反应,保护巯基酶的活性,使谷胱甘肽和血红蛋白呈还原型;促进肠道对铁离子的吸收,预防贫血;参与体内多种羟化反应,促进胶原蛋白的合成。

$$
\begin{array}{ccc}
\underset{\text{L-抗坏血酸}}{\text{(还原型)}} & \xrightleftharpoons[\text{+2H}]{\text{-2H}} & \underset{\text{脱氢抗坏血酸}}{\text{(氧化型)}} & \xrightleftharpoons{\text{+H}_2\text{O}} & \text{L-二酮古洛糖酸}
\end{array}
$$

人误食亚硝酸盐后,会出现缺氧中毒症状,此时可以通过注射亚甲蓝(亚硝酸盐中毒的特效解毒剂)或维生素 C 进行解毒,这是因为亚硝酸盐是氧化剂,可使血红蛋白转变为高铁血红蛋白,失去携带氧的能力,而亚甲基蓝或维生素 C 是还原剂,可以缓解缺氧症状。

【思考】举例说明食品加工中应如何降低维生素的损失。

🖱 拓展训练

亚硝酸盐中毒是指由于误食亚硝酸盐(如误将亚硝酸钠作为食盐食用),或食用亚硝酸盐含量超标的腌制肉制品、泡菜、隔夜菜、变质蔬菜而引起的中毒。亚硝酸盐是剧毒物质,正常成人摄入 0.2~0.5 g 即可引起中毒,3 g 即可致死。亚硝酸盐是一种致癌物质,对胎儿有致畸作用。因此,测定亚硝酸盐的含量是食品安全检测中非常重要的项目。

隔夜菜中亚硝酸盐
快速检测

目前,市面上已有亚硝酸盐速测管产品,可用于火腿肠、隔夜菜等的亚硝酸盐含量的快速检测,也可用在食品安全科普活动中。

亚硝酸盐速测管的检测原理:食品中的亚硝酸盐与试剂反应生成紫红色特殊物质,通过与比色卡对比,可判定样品中亚硝酸盐是否超标。

亚硝酸盐速测管基本操作是:取粉碎均匀的样品 1.0 g 或 1.0 mL 至提取瓶中,加纯净水至 10 mL 刻度线,充分振摇后放置 5 分钟。取上清液 1.0 mL 加入亚硝酸盐速测管中,盖上盖,将试剂摇溶,10 分钟后与标准比色卡对比,该比色卡上的数值乘上 10,即为样品中亚硝酸盐的含量(以亚硝酸钠计,单位:mg/kg)。根据《食品安全国家标准 食品中污染物限量》(GB 2762—2022)规定,腌渍蔬菜中亚硝酸盐含量不超过 20 mg/kg。

 思考练习

1.紫外分光光度法测橙子中 L-抗坏血酸含量时,加 1% 盐酸溶液的作用是（　　）。

　　A.调节溶液 pH 值　　　　　　　　B.防止维生素 C 的氧化损失

　　C.吸收样品中的维生素 C　　　　　D.参与反应

2.牛奶在太阳下晒时,会分解的维生素是（　　）。

　　A.维生素 B_1　　　　B.维生素 A　　　　C.维生素 B_2　　　　D.维生素 C

项目7 酶

项目描述

本项目主要介绍影响酶促反应的因素及其在食品加工保藏中的应用。

学习目标

◎掌握酶的催化特点、影响酶促反应的因素。

能力目标

◎能掌握食品中常用酶的性质及其在食品加工保藏中的应用。

教学提示

◎教师应提前从网上下载相关视频辅助教学,如酶的催化特性、酶促褐变实验等视频。可根据实际情况,开设酶的催化特性实验。

任务 7.1　酶的概述

【思政导读】

米糠是稻米加工过程中产生的副产品,富含油脂,可以加工稻米油(也称米糠油)。以往有个技术难点,就是米糠中脂酶活力很强,短时间内就可使米糠中的油脂产生严重氧化酸败。后来企业采用挤压膨化技术处理米糠,通过短时间高温高压作用,钝化脂酶,同时脱水干燥,使得处理后的米糠可以常温保存数月,便于稻米油的加工。

我国科研工作者针对米糠资源开发难点,聚焦米糠常温保存的技术难题,创新思维,变废为宝,实现了稻米油的规模化生产,促进了米糠资源的高值化利用。教师引导学生认识酶在生产、生活中的重要作用,激发学生学习的积极性和主动性,培养学生敢于创新、勇于实践、不断探索的科学精神。

7.1.1　酶的概念

绝大多数酶是生物体活细胞产生的具有催化功能的蛋白质。生物体内绝大多数代谢反应都是由酶来催化完成的。

酶所催化的化学反应称为酶促反应。在酶促反应中被酶催化的物质称为底物;经酶催化所产生的物质称为产物;酶丧失催化能力称为酶失活。

【思考】在唾液淀粉酶水解淀粉的反应中,底物是什么? 产物是什么?

目前,纯化和结晶的酶已超过 2 000 余种。根据酶的化学组成不同,可将其分为单纯酶和结合酶两类。

1) 单纯酶

这类酶的基本组成单位仅为氨基酸,通常只有一条多肽链。如淀粉酶、脂肪酶、蛋白酶等均属于单纯酶。

2) 结合酶

结合酶由蛋白质部分和非蛋白质部分组成,前者称为酶蛋白,后者称为辅助因子。酶蛋白与辅助因子结合形成的复合物称为全酶。只有全酶才有催化作用,酶蛋白在酶促反应中起着决定反应特异性的作用,辅助因子则决定反应的类型,参与电子、原子、基团的传递。

辅助因子往往是金属离子或小分子有机化合物,按其与酶蛋白结合的紧密程度不同可分为辅酶与辅基。辅酶与酶蛋白结合疏松,可用透析或超滤的方法除去。辅基则与酶蛋白结合紧密,不能通过透析或超滤将其除去。

7.1.2 酶的命名

酶的命名方法有习惯命名法和系统命名法。

1) 习惯命名法

习惯命名法一般根据底物、反应类型、酶的来源和作用 pH 值等进行命名。如淀粉酶、蛋白酶、葡萄糖氧化酶、乳酸脱氢酶、细菌蛋白酶、胃蛋白酶、中性蛋白酶等。

习惯命名法使用方便,但易产生混乱,可能出现同一种酶有多个命名或同一个命名有多种酶的情况。为此,1961 年国际酶学委员会规定了酶的系统命名法。

2) 系统命名法

在系统命名法中,系统名称需标明酶的作用底物、催化反应的性质。如有两种底物则用":"隔开,如果底物是水,则可省略。如上述葡萄糖氧化酶的系统命名为"β-D-葡萄糖:氧 1-氧化还原酶"。

系统命名法严格科学,但使用不方便。为此国际酶学委员会推荐了一个习惯名称供使用,并规定以酶为主题的文献或著作中首次出现时要标出其系统名称和 EC 编号。

思考练习

1.列举一些酶及其应用。

2.中性蛋白酶、酸性蛋白酶、碱性蛋白酶是如何区分的?

任务 7.2 酶的催化特点

【思政导读】

牛奶是营养丰富的食物。但我国存在很多乳糖不耐受人群,这些人饮奶后常发生腹泻、腹痛等问题。国内的乳制品企业组织科研攻关,开发了低乳糖牛奶产品——营养舒化奶。该产品在加工过程中通过添加乳糖酶,将牛乳中的乳糖进行充分水解,加工出低乳糖牛奶产品,满足了乳糖不耐受人群的需要。

教师组织学生以乳糖不耐受症的改善为切入点,讨论营养舒化奶生产过程中涉及的食品生物化学知识,培养学生对民族企业的认同感,以及紧扣市场需求、敢于创新、勇于实践的科学精神。

7.2.1 酶的催化特点

酶作为生物催化剂,具有非生物催化剂(酸、镍等无机催化剂)所没有的特点。

1)高度专一性

酶的高度专一性是指在一定条件下,一种酶只能催化某一类(或某一种)结构相似的底物进行某种类型反应的特性。例如,蛋白酶只能催化蛋白质的肽键水解,产生寡肽或氨基酸,但不能催化淀粉的水解;而非生物催化剂则没有这么严格的专一性,如酸既能催化蛋白质水解、淀粉水解,也能催化脂肪水解。

酶的高度专一性是酶与非生物催化剂最大的区别,保证了生物体内的新陈代谢活动能够有条不紊地进行。根据酶对底物专一性的程度,可将酶的专一性分为绝对专一性、相对专一性和立体化学专一性等。

利用酶催化作用具有高度专一性的特点,可从比较复杂的原料中有选择地加工某些需要的物质,或除去其他不必要的成分,且反应副产物少。例如,牛奶中含有4.5%的乳糖,有些人饮奶后常发生腹泻、腹痛等(乳糖不耐受症状)。这是因为这类人群的小肠黏膜上缺少乳糖酶,乳糖在小肠内没有被水解就进入大肠,增加了大肠内的渗透压,使大肠水分增多,加上乳糖被大肠内的微生物发酵,生成了乳酸、二氧化碳,刺激大肠而引起了腹泻、腹痛等。

营养舒化奶是一种低乳糖牛奶,其加工过程中通过添加乳糖酶,将牛乳中的乳糖进行充分水解,而对牛乳中的蛋白质、脂肪等没有破坏作用。低乳糖牛奶有助于改善人群的乳糖不耐受症状(如饮奶后出现的腹胀、腹泻等),也适合作为运动员专用牛奶。

2)高效性

一般来说,酶的催化效率比非生物催化剂的高很多,少量的酶就可使大量底物很快地发生化学反应。在催化反应中,酶在反应前后没有数量和性质上的改变,因而很少量的酶就可催化大量的物质发生化学反应。

3)作用条件温和

例如,用盐酸水解淀粉生产葡萄糖,需在0.15 MPa和140 ℃的条件下,采用耐酸、耐高温的设备进行;而用α-淀粉酶和葡萄糖淀粉酶水解,则可用一般设备在常压下进行。

4)酶活性可调控

酶活性可调控包括调节底物浓度、产物浓度、反应条件(温度、pH 值、激活剂、抑制剂)以及对酶进行化学修饰等。

5)酶活性易丧失

过酸、过碱或温度过高都易使酶变性失活。

7.2.2 酶催化反应的机理

1) 酶催化高效性的机理

在一个化学反应中,并不是所有底物分子都能参加反应。只有具备足够能量而成为活化分子的底物(处于活化状态),才能参加化学反应。

酶之所以具有很高的催化效率,一般认为是因为酶降低了化学反应所需的活化能。

【补充】活化能是指一般分子成为能参加化学反应的活化分子所需要的能量。

酶降低反应活化能的作用示意图如图7.1所示。

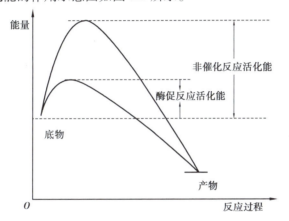

图 7.1 酶降低反应活化能的作用示意图

酶促反应改变了原来反应的途径,将反应分两步进行,而每一步的活化能都较低,所以整个反应所需活化能大幅度降低,从而使反应加速。

2) 酶催化高度专一性的机理

实验发现,酶蛋白经水解切去部分肽链后,残留部分仍有催化活性。这说明参与酶催化作用的,只限于酶分子的必需基团(与酶的活性密切相关的基团)或较小的部位,如图7.2所示,即酶的活性中心,是酶催化作用的关键部位。

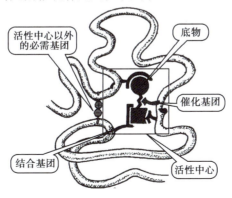

图 7.2 酶的活性中心示意图

不同的酶有不同的活性中心,故对底物具有高度的专一性。酶的活性中心一旦被其他物质占据或酶的空间结构被某些理化因素破坏,酶就会丧失催化活性。

7.2.3　酶活力单位

酶活力也称酶活性,是指酶催化一定化学反应的能力。国际酶学委员会规定,酶活力单位(U)是指在指定的反应条件(25 ℃,最适 pH 值,饱和底物浓度)下,1 分钟内将 1 μmol 底物转化为产物所需要的酶量。这种酶活力单位使用不方便,在实际应用中不常采用。

在酶制剂生产上,一般根据不同产品制定各自的酶活力单位,并统一规定反应温度、pH 值、底物浓度、作用时间等,以便于同类产品的比较。

例如,某果胶酶(该酶用于提高果汁出汁率)产品的酶活力 10 万 U/g。果胶酶酶活力单位定义:1 g 酶粉中,于 50.0 ℃、pH 值 3.5 的条件下,1 分钟催化果胶水解生成 1 μg 半乳糖醛酸的酶量为 1 个酶活力单位(1 U)。

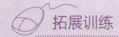

拓展训练

在食品工业中,酶应用的优点包括:①专一性高,副反应很少,后处理容易;②催化效率高,酶用量少;③反应条件温和,可以在近中性的水溶液中进行反应;④酶的催化活性可以进行人工控制。

酶应用的缺点包括:①酶易失活,酶反应的温度、pH 值、离子强度等要进行很好的控制;②酶不易得到,价格昂贵;③酶不易保存,如酶溶液在冰箱中只能存放几天或几周。

网上查找一种酶制剂商品的信息(含图片),讲解其中的重要信息。

思考练习

1.将一支加入了适量淀粉溶液、唾液的试管,浸入 37 ℃ 的温水中保温 5 分钟后取出,再加入 1 滴碘液,淀粉溶液不变蓝。根据这一现象得出的结论是(　　)。

　　A.淀粉分解为麦芽糖　　　　　　　B.淀粉水解为葡萄糖

　　C.淀粉已经不存在　　　　　　　　D.淀粉没有发生变化

2.唾液淀粉酶可催化淀粉水解,而对蔗糖无效。蔗糖酶可催化蔗糖水解,而对淀粉无效。这表现的是酶的(　　)。

　　A.多样性　　　　B.高效性　　　　C.专一性　　　　D.受温度影响

3.能够使淀粉及淀粉酶水解的酶分别是(　　)。

　　A.蛋白酶、淀粉酶　　　　　　　B.淀粉酶、蛋白酶

　　C.淀粉酶、麦芽糖酶　　　　　　D.麦芽糖酶、蔗糖酶

4.人体会对牛奶不耐受是因缺乏下列物质中的(　　)。

　　A.蛋白酶　　　　　B.乳糖酶　　　　　C.脂肪酶　　　　　D.淀粉酶

5.决定全酶特异性的部位是(　　)。

　　A.辅酶　　　　　　B.辅基　　　　　　C.酶蛋白　　　　　D.金属离子

6.营养舒化奶的配料表为:生牛乳、食品添加剂(单硬脂酸甘油酯、卡拉胶、三聚磷酸钠、乳糖酶、食用香精)。其中,乳糖酶是给乳糖不耐受人群直接补充的,以改善该人群的乳糖不耐受症状。(　　)

　　A.对　　　　　　　B.错

任务 7.3 　影响酶促反应速率的因素

【思政导读】

我国是农业生产大国,也是农药使用大国。农药在现代农业生产中发挥着不可替代的作用。农药的主要作用是防治害虫、病害和杂草,使农作物能够有效地生长发育,提高产量和质量,保障粮食安全。此外,农药还可以延长农产品的贮藏期,减少贮藏过程中的损失。然而,长期大量使用农药也会对生态环境和人类健康造成潜在的风险。因此,正确使用和管理农药至关重要。

教师结合酶的抑制剂内容,讲授农药对人类健康的影响及农药残留速测卡的原理,引导学生认识使用农药的利弊,了解酶化学知识在农药领域的应用,使学生们认识到农药使用不当引发的农药残留超标、食品安全和环境污染问题正日益凸现,以增强学生的法治观念,帮助学生形成社会责任意识、环保意识和食品安全意识等。

7.3.1 酶促反应速率

酶促反应速率可用单位时间内底物的减少量或产物的生成量来表示。在实际测定中,考虑到产物由无到有,变化较为明显,测定起来较灵敏,所以一般用单位时间内产物生成量的增加作为酶促反应速率的表征。

设瞬间 dt 内反应物浓度的改变为 dc,则酶促反应速率 v 表示为

$$v = \frac{dc}{dt}$$

以产物生成浓度(P)为纵坐标,以时间(t)为横坐标,可得到酶促反应过程曲线,如图7.3所示。

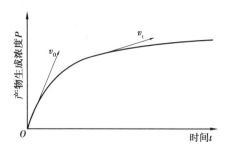

图7.3 酶促反应过程曲线

由图7.3可知,酶促反应速率不是固定的,会随时间发生变化,即反应时间是影响酶促反应速率的因素之一。在反应初期,产物增加比较快,酶促反应的速率(v_0)近似为一个常数。随着时间延长,酶促反应的速率(v_t)逐渐减弱(曲线斜率下降)。这是因为随着酶促反应的进行,底物浓度减少,产物浓度增加,加速反应逆向进行;产物浓度增加对酶产生反馈抑制;pH值及温度等条件变化,使部分酶变性失活。

7.3.2 影响酶促反应速率的因素

1)温度

酶促反应速率随温度变化的曲线是钟形曲线,如图7.4所示。其中,某一温度时酶促反应速率最快,此温度即为该酶的最适温度。例如,人体内酶的最适温度一般在37 ℃左右。

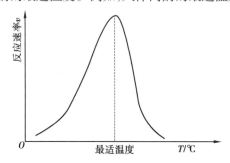

图7.4 温度对酶促反应速率的影响

每种酶都有其最适温度,高于或低于此温度,酶的活性都降低。

低温条件下,酶的活性下降,但低温一般不破坏酶;温度回升后,酶又恢复活性。因此,可利用低温保藏食品。例如,果蔬采摘后,通过冷水或冰水降温,降低酶活性,从而降低果蔬的呼吸强度,延长果蔬的保鲜期。

而温度超过80 ℃后,多数酶变性失活,一般不会再恢复酶活性。例如,食品加工中的漂烫、巴氏杀菌、煮沸、高压蒸汽灭菌等,利用的就是高温使食品及微生物中的酶发生热变性失活,从而达到防止食品腐败变质的目的。

【任务】仿照酪蛋白等电点测定实验,设计一个实验,研究温度对酶促反应速率的影响,并画出酶促反应速率随温度变化的曲线。

2) pH 值

pH 值对酶促反应速率的影响,如图 7.5 所示。在一定条件下,每种酶都有一个最适 pH 值,也就是使酶发挥其最大活性的 pH 值。例如,胃蛋白酶的最适 pH 值为1.8,唾液淀粉酶的最适 pH 值为 6.8。

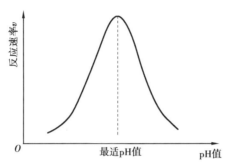

图 7.5 pH 值对酶促反应速率的影响

溶液的 pH 值高于或低于最适 pH 值都会使酶的活性降低,甚至导致酶变性失活。pH 值影响酶活性的原因:①过酸、过碱会影响酶蛋白的构象,甚至使酶变性失活;②pH 值影响底物、酶分子的解离状态,往往只有一种解离状态最有利于与底物结合,在此 pH 值下酶活力最高。

3) 底物浓度

在酶促反应中,如果其他条件保持恒定,酶的浓度也保持不变,则底物浓度对酶促反应速率的影响如图 7.6 所示。

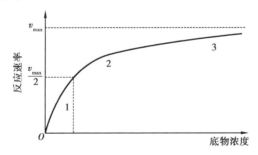

图 7.6 底物浓度对酶促反应速率的影响

由图 7.6 可知,在底物浓度较低时,酶促反应速率随底物浓度的增加而快速增加,两者成正比关系(图 7.6 中阶段 1)。

当底物浓度较高时,酶促反应速率虽然也随底物浓度的增加而增加,但增加程度却不如底物浓度较低时那样明显,酶促反应速度与底物的浓度不再成正比关系(图 7.6 中阶段 2)。

当底物浓度达到一定程度时,酶促反应速率将趋于恒定,即使再增加底物浓度,酶促反应速率也不会增加了(图 7.6 中阶段 3),即达到最大速率(v_{max}),这说明酶基本饱和。

4) 酶浓度

在一定的温度、pH 值条件下,当底物浓度足够大时(底物足以使酶饱和),酶的浓度与酶促反应速率成正比关系。酶浓度对酶促反应速率的影响如图 7.7 所示。

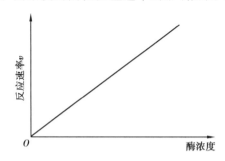

图 7.7　酶浓度对酶促反应速率的影响

酶浓度太低,则酶促反应速率慢,反应时间长,影响生产效率;当底物浓度不足,酶浓度过高,则会增加生产成本。因此,在实际生产中,酶浓度的多少总是相对于底物浓度而言的,要关注酶浓度与底物浓度之比,而不是酶浓度本身。

5) 激活剂

凡能提高酶活性的物质都称为激活剂。例如,经透析获得的唾液淀粉酶活性不高,加入氯离子后则酶活性增加,因为氯离子是唾液淀粉酶的激活剂。此外,钙离子是 α-淀粉酶的激活剂,而胆汁酸盐则是胰脂肪酶的激活剂。

对于同一种酶,不同激活剂浓度会产生不同的作用。例如,对唾液淀粉酶而言,低浓度的氯离子可以增强酶活性,高浓度的氯离子则会抑制酶的活性。

有的酶也是激活剂。例如,胰蛋白酶原在肠激酶的作用下,水解掉一个六肽,使肽链螺旋度增加,形成活性中心,于是胰蛋白酶原就变成了胰蛋白酶。胰蛋白酶原激活过程示意图如图 7.8 所示。

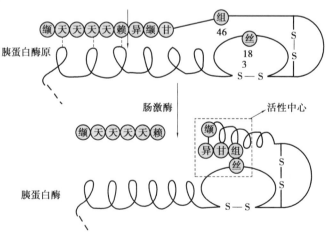

图 7.8　胰蛋白酶原激活过程示意图

6）抑制剂

凡能使酶的活性降低或丧失的物质都称为抑制剂。酶的抑制剂多种多样，如重金属离子（汞离子、铅离子、铜离子等）、抗生素（如青霉素、氯霉素）、一氧化碳、硫化氢、氰化物、砷化物、生物碱、有机磷农药（农药使人中毒的重要原因是农药进入人体后会抑制人体中酶的活性）、胰蛋白酶抑制剂等。

例如，在豆浆加工中需要充分煮沸，这是因为大豆中含有胰蛋白酶抑制剂，会抑制人体胰蛋白酶活力，影响人体对蛋白质的吸收利用。

拓展训练

农药是指在农业生产中为保障、促进植物与农作物成长所用的杀虫、杀菌、杀灭有害动物或杂草的一类药物的统称。长期食用农药残留超标的农产品，会引起人和动物慢性中毒，导致疾病发生。目前，市面上已有农药残留快速检测产品，可用于农药残留的快速初筛检测，广泛应用于农贸市场、餐饮企业的果蔬的快速检测，也可用于食品安全科普教育中。

农药残留快速检测卡的原理是：基于胆碱酯酶可催化靛酚乙酸酯（红色）水解为乙酸和靛酚（蓝色），而有机磷农药和氨基甲酸酯类农药对胆碱酯酶有抑制作用，使催化、水解、变色过程发生改变。将胆碱酯酶与样品提取液反应，若胆碱酯酶不受抑制，底物水解产生蓝色，则表明样品提取液中有机磷农药和氨基甲酸酯类农药很少或不含（阴性）；若胆碱酯酶受到抑制，底物就不能水解，不产生蓝色，则表明样品中有机磷农药和氨基甲酸酯类农药超标（呈阳性）。

农药残留快速检测卡的基本操作（表面测定法，以蔬菜为例）如下：

步骤1：擦去蔬菜表面的泥土，滴2~3滴农药残留洗脱液在蔬菜表面，用另一蔬菜在滴液处轻轻摩擦。

步骤2：取1片速测卡，撕去上盖膜，将蔬菜上的液滴滴在白色药片上，静置10分钟（预反应）。有条件的，在37 ℃恒温装置中放置10分钟。预反应后的药片表面必须保持湿润。

步骤3：撕去下盖膜，将速测卡对折，用手捏3分钟或恒温装置恒温3分钟，使红色药片与白色药片叠合后反应。

步骤4：打开速测卡，白色药片变蓝为正常反应，不变蓝或显淡蓝色说明农药残留超标，每批同时做1片无农药对照（使用纯净水）。

农药残留快速检测

| 阴性 | 弱阳性 | 强阳性 |

农药速测卡保质期探究

请思考：

1.农药残留快速检测卡显示什么颜色时，表示农药残留超标？

2.与农药残留的精密仪器检测相比，农药残留快速检测有什么优势？

3.农药残留快速检测可用于哪些场合？

4.有的大学校园的道路两旁会种植绿化芒。绿化芒每年5—7月逐渐成熟。这种绿化芒适合采摘食用吗？

 思考练习

1.胃蛋白酶在进入小肠后就几乎没有了催化作用，主要原因是（　　）。

 A.小肠中没有蛋白质可被消化

 B.胃中已经起了消化作用，不能再起催化作用了

 C.被小肠中的物质包裹起来，所以起不到催化作用

 D.pH 值不适合

2.在不损伤植物细胞内部结构的情况下，下列物质适用于除去细胞壁的是（　　）。

 A.蛋白酶　　　　B.纤维素酶　　　　C.盐酸　　　　D.淀粉酶

3.将乳清蛋白、淀粉、胃蛋白酶、唾液淀粉酶和适量水混合装入一容器内(pH 值为2.0)，保存于 37 ℃的水浴锅中，过一段时间后，容器内剩余的物质是（　　）。

 A.唾液淀粉酶、胃蛋白酶、多肽、水

 B.唾液淀粉酶、麦芽糖、胃蛋白酶、多肽、水

 C.淀粉、胃蛋白酶、多肽、水

 D.唾液淀粉酶、淀粉、胃蛋白酶、水

4.图甲表示温度对淀粉酶活性的影响，图乙是将一定量的唾液淀粉酶和足量的淀粉混合后麦芽糖产生量随温度变化的情况。下列说法不正确的是（　　）。

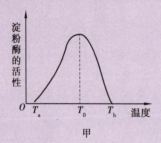
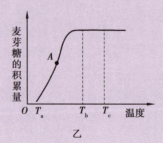

A.图甲中 T_0 表示淀粉酶催化该反应的最适温度

B.图甲中 T_a、T_b 时淀粉酶催化效率都很低,但对酶活性的影响却有本质的区别

C.图乙中 T_b 至 T_c 的曲线表明随温度升高,麦芽糖的积累量不再上升,酶的活性已达到最高

D.图乙中 T_a 至 T_b 的酶促反应速率大于 T_b 至 T_c 的酶促反应速率

5.一定条件下酶反应速率与酶的浓度成正比。(　　　)

　　A.对　　　　　　　　B.错

6.酶促反应速率随着底物浓度的增加可达到一个极限速率。(　　　)

　　A.对　　　　　　　　B.错

7.农药残留就等于农药超标,意味着该种食品不安全,不能食用。(　　　)

　　A.对　　　　　　　　B.错

任务 7.4　酶促褐变

【思政导读】

二氧化硫是一种国内外均允许使用的食品添加剂,在食品工业中发挥着护色、防腐、漂白和抗氧化等作用。按照相关标准规定合理使用二氧化硫不会对人体健康造成危害,但如果人体过量摄入二氧化硫,则容易产生过敏,可能引发呼吸困难、腹泻、呕吐等症状,对脑及其他组织产生不同程度的损伤。各地政府官网公示的抽检不合格项目中时常出现二氧化硫残留量的身影,如百合干、黄花菜干、山药干、辣椒干、笋(酱腌菜)、袋泡茶等。

教师结合酶促褐变、酚酶抑制剂的内容,分析食品抽检中二氧化硫不合格的原因,通过引入真实的食品安全案例,引导学生正确认识食品添加剂的作用,让学生了解食品添加剂使用不当对健康的影响,培养学生的职业道德和食品安全意识。

酚类物质广泛存在于苹果、马铃薯等果蔬中,当它们的组织被碰伤、切开、削皮、榨汁时(如苹果榨汁、马铃薯去皮),容易发生酶促褐变。当果蔬处于异常环境如受冻、受热等,也容易发生酶促褐变。这是因为果蔬的组织结构被破坏,使酚酶、酚类物质和氧气相互接触,在酚酶的催化下酚类物质被氧化成醌类物质,再氧化聚合成褐色色素,引起酶促褐变,颜色逐渐加深。

7.4.1　酶促褐变的条件

酶促褐变有 3 个条件,即酚类物质、酚酶和氧气,缺一不可。

(1)酚类物质

酚类物质是酚酶的作用底物,主要是由糖类代谢衍生出来的产物。酚类物质可以是单酚,如酪氨酸;也可以是多酚,如邻二酚(也称儿茶酚)、对二酚、间二酚等。

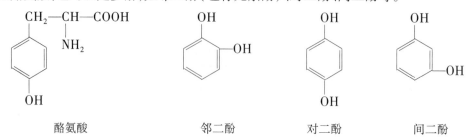

|酪氨酸|邻二酚|对二酚|间二酚|

一般来说,酚酶对邻二酚的作用快于一元酚,也可利用对二酚。但是间二酚、邻二酚衍生物(如愈创木酚、阿魏酸)往往不能作为底物,它们甚至对酚酶有抑制作用。

(2)酚酶

酚酶是一种以分子氧为受氢体的氧化酶(含铜离子辅基),可作用于一元酚、二元酚及多酚等酚类物质。它是两种酶的复合体,一种是酚羟化酶(又称甲酚酶),可催化单酚的羟基化反应,生成多酚;另一种是多酚氧化酶(PPO),又称儿茶酚酶,可催化多酚的氧化反应。

几乎所有果实都含有酚酶,但含量差别较大。苹果、梨、莲藕、马铃薯、香蕉等含酚类物质、酚酶较多,容易发生酶促褐变。

(3)氧气

去皮、切分、破碎等操作使果蔬组织结构遭到破坏后,组织内的酚类物质、酚酶与氧气接触,迅速反应,使其氧化产物大量积累,导致酶促褐变的发生。

【补充】酚类物质遇到氧气,即可氧化变色,如所泡茶水久置会颜色变深、煮过苹果的水变红色。但在酚酶作用下,酚类物质氧化褐变速度明显加快,体现了酶催化作用的高效性。

7.4.2　反应机理

切开的马铃薯在空气中暴露一段时间,其切面会变成黑褐色。马铃薯中最丰富的酚类物质是酪氨酸,其发生酶促褐变的机理如下:

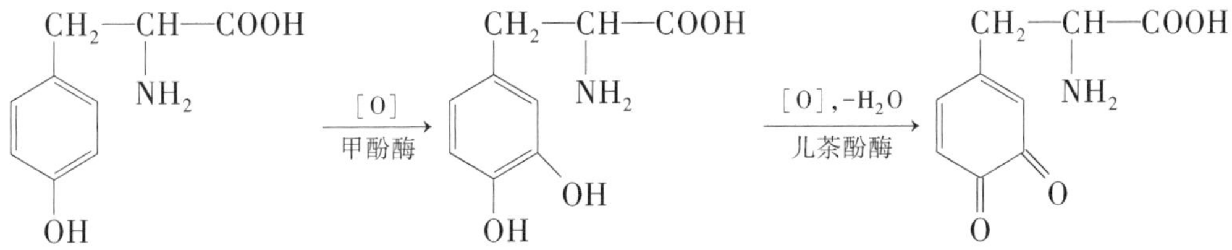

酪氨酸 → 多巴 → 多巴醌

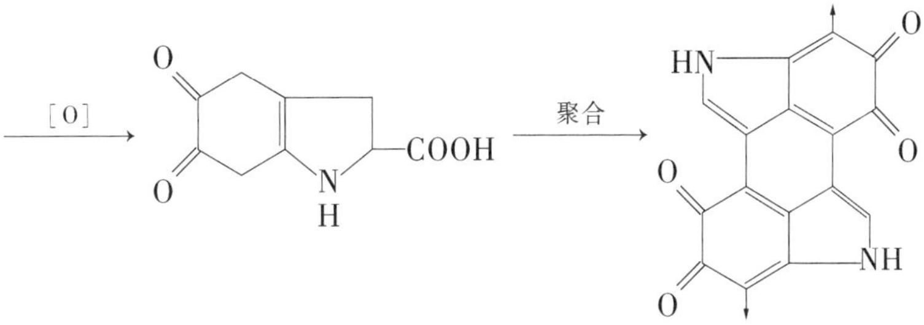

吲哚-5,-6醌 → 黑色素的局部结构

【补充】虾的头部会产生黑色斑点，是所含的酪氨酸在酚酶作用下形成黑色素所致。

7.4.3　酶促褐变的控制

1)选择合适的原料

不同品种的果蔬发生酶促褐变速度差异大。例如，有的梨去皮后酶促褐变快，而有的梨去皮后酶促褐变慢。因此，在食品加工中，可以考虑选择酚类物质或酚酶较少的品种，即不易发生酶促褐变的品种。

2)隔氧驱氧

最简单的办法是将去皮或切开的果蔬浸泡在清水、糖水或盐水中，以隔离氧气。例如，日常生活中，土豆切丝后放入清水中浸泡。

土豆丝褐变实验

3)热处理

多酚氧化酶对热不稳定(最适温度35 ℃左右)，采用瞬时高温处理食品原料，使酚酶及其他酶类(如过氧化物酶)在最短的时间内失去活性，这是最广泛的抑制酶促褐变的方法，在果蔬蜜饯、罐头加工中常常采用。

来源不同的多酚氧化酶对热的敏感性不同，一般在沸水中2分钟可使其失活。用热水进行热烫(也称漂烫)时，要把水煮沸，加入果蔬原料不宜过多，同时果蔬原料尽量小块，热烫时间要保证，确保实现真正的瞬时高温，从而有效钝化酚酶。

热烫等加热处理必须严格控制时间，要求在最短的时间达到既能控制酶活性又不影响食品风味的效果，否则易因加热过度而使产品产生蒸煮味，同时漂烫会导致水溶性维生素等损失。相反，如果热处理不彻底，破坏了果蔬原料的组织结构但未钝化酶类，反而会增加酶与底物的接触机会而促进酶促褐变。

4）调节 pH 值

多酚氧化酶的最适 pH 值在 6.5 左右；pH 值在 3.0 以下时，多酚氧化酶几乎完全失去活性。加酸可有效控制酶促褐变，常用的酸有柠檬酸、抗坏血酸、苹果酸等。

例如，0.5%的柠檬酸、0.3%的抗坏血酸混合使用效果较好，切开后的水果常浸在这类酸的水溶液中，可以有效地延缓酶促褐变。

其中，抗坏血酸不仅可调节溶液的 pH 值，其本身也是有效的酚酶抑制剂，同时是良好的抗氧化剂，可把溶液中的氧气消耗掉，并使醌类物质还原为酚类物质。

5）使用酚酶抑制剂

常用的酚酶抑制剂有二氧化硫、亚硫酸钠、亚硫酸氢钠、偏重亚硫酸钠等，是食品工业中预防酶促褐变最常用的物质。它们抑制酶促褐变的机理是：二氧化硫、亚硫酸盐是酚酶的强抑制剂，能够抑制酚酶的活性；亚硫酸盐是较强的还原剂，能将已氧化的醌还原成相应的酚，减少醌的积累和聚合，从而抑制酶促褐变；同时有杀菌作用。

在食品加工中，要达到抑制酶促褐变的效果既可用二氧化硫熏蒸（在密闭环境中，燃烧硫黄或直接使用二氧化硫气瓶）直接处理果蔬原料，也可使用亚硫酸盐溶液浸泡或喷洒果蔬原料（在 pH=6.0 时，效果更好）。

该法虽然操作方便、效果明显，但会使食品带有令人不愉快的味觉和气味，还易使食品漂白脱色，腐蚀铁罐内壁，破坏维生素 B_1，并且部分人群对二氧化硫过敏，因此其使用受到限制，应严格控制残留量。

6）减少和金属离子的接触

铁、铝等金属离子是酚酶的激活剂。因此，在果蔬加工中，要避免使原料接触这些金属离子，减少酶催化作用，抑制酶促褐变的发生。

EDTA 具有抑制酶促褐变的作用，这与其螯合金属离子的作用有关。

拓展训练

水煮莲藕加工工艺如下：新鲜莲藕用清水洗净，不锈钢刀去藕节、削皮，按节切成 4~5 mm 厚度的藕片，置于护色液中（0.5%柠檬酸、0.1%抗坏血酸、0.2% EDTA）浸泡 1 小时，蒸馏水快速淘洗一次；浓度为 0.2%的柠檬酸液 90~95 ℃烫漂 3~4 分钟；浓度为 0.1%的氯化钙溶液中浸泡 15 分钟，蒸馏水快速冲洗冷却，装袋灌汤汁（浓度为 3.5%的食盐，用柠檬酸调节 pH 值为 4.3），减压封口包装；90 ℃水浴杀菌 10 分钟即可。该产品能在（37±2）℃下保存 25 天，在（15±2）℃下保存 180 天以上。

在该水煮莲藕加工中，对酶促褐变进行控制采取了哪些措施？

思考练习

1.引起酶促褐变的酶类是( )。

A.脂酶 B.脱羧酶 C.水解酶 D.酚酶

2.在食品护色中,加入亚硫酸钠不会对硫胺素造成破坏。( )

A.对 B.错

3.有媒体报道市场上购买的白色银耳往往二氧化硫超标,不宜购买。( )

A.对 B.错

4.在酶促褐变控制中,为何强调加热处理要采用瞬时高温方式而不是缓慢升温方式?

项目8 食品的色香味化学

项目描述

本项目主要介绍食品色素、味觉物质、嗅觉物质的结构、性质及其在食品加工保藏中的应用。

学习目标

◎掌握食品色素、味觉物质、嗅觉物质的结构、性质及其在食品加工保藏中的应用。

能力目标

◎能理解食品调色、调味、调香的基本操作。

教学提示

◎教师应提前从网上下载相关视频辅助教学,如食品护绿、真假黑米鉴别等视频。可根据实际情况,开设饮料调配、紫薯中花青素提取及性质等实验。

<h1 align="center">任务 8.1 食品色素</h1>

【思政导读】

红心鸭蛋是我国某些地区的特色农产品,农户在红树林、滩涂、湖边饲养的鸭子会进食虾蟹、贝壳等,其蛋黄会富集虾青素,所产鸭蛋的蛋黄呈橙红色。红心鸭蛋腌制成的咸鸭蛋深受消费者喜爱,其咸蛋黄广泛应用于广式月饼、蛋黄酥等产品中。央视曾报道了北京市个别市场和经销商售卖来自河北等地的假"红心鸭蛋",在这些假红心鸭蛋中检测出了苏丹红,原因是这些鸭蛋由食用添加了苏丹红饲料的鸭子所产。随后,北京、广州、河北等地相继发现假的"红心鸭蛋"。一时间,人们听到"红心鸭蛋""苏丹红"无不色变。

教师结合实际案例,分析真假红心鸭蛋涉及的食品生物化学知识,教育学生今后从事食品生产加工工作时遵纪守法,树立学法懂法、诚信经营意识。

各种食品之所以具有不同的颜色,是因为所含色素不同,人们往往根据食品颜色来判断食品的新鲜程度、成熟度。因此,有必要掌握食品中常见色素的结构和性质,并学会在食品加工保藏中产生(或保持)食品应有的颜色。

色素有 3 种来源,包括天然色素、合成着色剂和加工保藏中的褐变。

8.1.1 天然色素

1)叶绿素

(1)叶绿素的结构

叶绿素是存在于植物体内的绿色色素,可使蔬菜和未成熟的果实呈现绿色。

叶绿素是由叶绿酸、叶绿醇和甲醇缩合而成的二醇酯,其中镁离子是其特征金属离子。高等植物中常见的叶绿素有叶绿素 a 和叶绿素 b,其中叶绿素 a 为青绿色,叶绿素 b 为黄绿色。

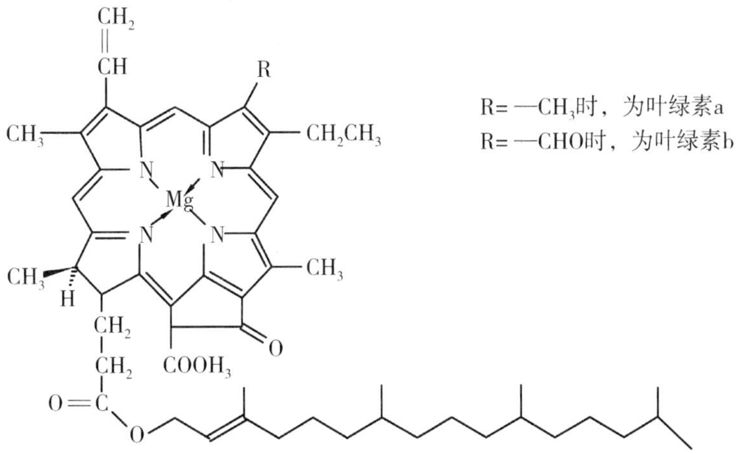

R= —CH₃时,为叶绿素a
R= —CHO时,为叶绿素b

（2）叶绿素的性质

叶绿素不溶于水，易溶于乙醇、乙醚、丙酮、氯仿等有机溶剂。通常采用乙醇、丙酮等有机溶剂从绿色植物中提取叶绿素。游离叶绿素不稳定，对光、热均敏感。

在稀酸中，叶绿素会发生脱镁反应，即叶绿素的镁离子被氢离子取代，生成褐色的脱镁叶绿素。加热会促进叶绿素脱镁反应发生。一般来说，高温短时的加热比低温长时的加热对叶绿素破坏小，所以炒青菜时采用旺火、热油、快炒，可以较好地保持绿色。但这种保持绿色的效果，通常会在贮存过程中失去。

【拓展】绿色蔬菜加工成泡菜后失去绿色，是因为发酵产生的乳酸使叶绿素发生脱镁反应。

硫酸铜对苦瓜片的护绿作用

在稀碱中，叶绿素发生皂化反应，生成叶绿酸盐、叶绿醇、甲醇，而叶绿酸盐（如叶绿酸钠）仍为鲜绿色。因此，绿色蔬菜（豌豆、菠菜等）加工前可用石灰水或碳酸氢钠处理，以中和蔬菜中的有机酸，对蔬菜进行护绿。但是 pH 值太高，易使原料产生异味，并且破坏蔬菜中的维生素 C 等营养成分。

叶绿素提取液先加酸后加碱及先加碱后加酸的变色情况

在适当条件下，叶绿素中的镁离子被氢离子置换，形成褐色的脱镁叶绿素，而脱镁叶绿素中的氢离子再被铜离子取代（需要加热），生成绿色更稳定的叶绿素铜钠，该反应称为铜代叶绿素反应，锌离子也有类似反应。在各种取代叶绿素中，叶绿素铜钠的色泽最鲜亮，对光和热较稳定，可作食品着色剂。

有媒体曝光返青粽叶问题，即有的粽子加工企业违规采用硫酸铜处理粽叶，使粽叶保持鲜绿色，导致粽叶铜含量超标，危害消费者健康。

2）多酚类色素

多酚类色素是植物中主要的水溶性色素。

（1）花青素

花青素也称花色素，存在于植物细胞液中，是许多水果、蔬菜和花呈鲜艳颜色的原因。例如，红富士苹果被日光照射的一面会产生花青素，呈现红色，而没有日光照射的一面则呈黄色或绿色，因此在红富士苹果种植中，采用铺设反光膜措施，有利于苹果通体均匀呈现红色。

很多紫色、黑色食品往往含有较多花青素，如紫薯、黑米、紫甘蓝、桑葚（也称桑果）、蓝莓、黑枸杞、黑色的葡萄皮、红葡萄酒等。

花青素的基本结构是带有多个羟基或甲基的2-苯基苯并吡喃环的多酚化合物，比较重要的有天竺葵素、矢车菊素、飞燕草素等。

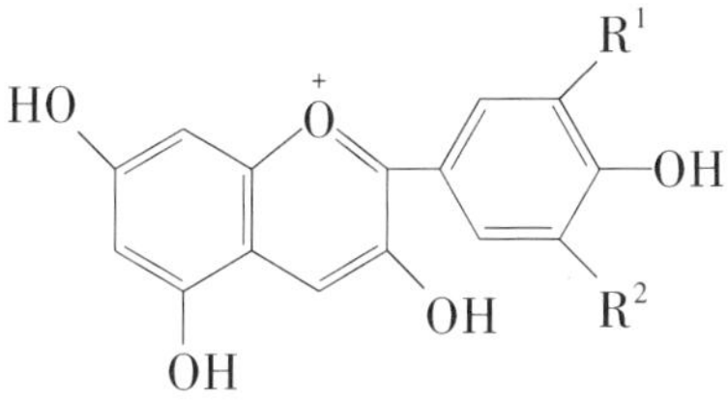

R¹=R²=OH　　飞燕草素

R¹=OH，R²=H　　矢车菊素

R¹=R²=H　　天竺葵素

在自然状态下,游离花青素很少,主要以糖苷形式存在(称为花色苷)。在花色苷中,花青素通常与一个或几个单糖结合成花色苷(如与 C_3 处的羟基连接),糖基部分一般是葡萄糖、鼠李糖、半乳糖、木糖和阿拉伯糖。

大多数花青素溶于水、乙醇等,不溶于乙醚、苯、氯仿等有机溶剂。例如,紫薯去皮后用水清洗,花青素可溶解在水中,热水溶解效果更好。

花青素的颜色具有随溶液酸碱度变化而变化的特性,因为其结构随酸碱度不同而产生了可逆变化。例如,游离的矢车菊素具有碱蓝、酸红、中性紫的变色现象。

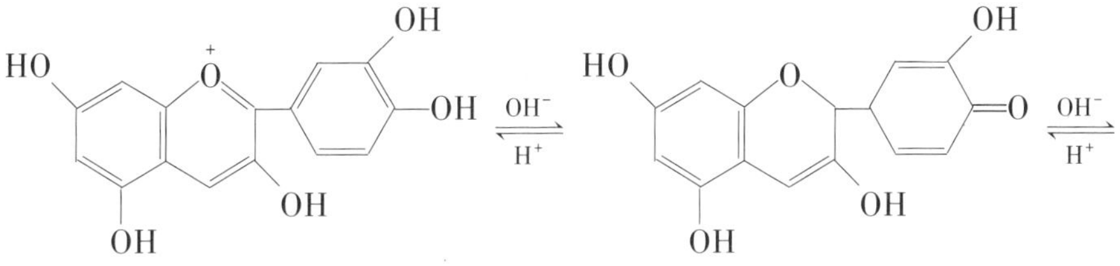

阳离子,红色　　　　　　pH=8.5,紫罗兰

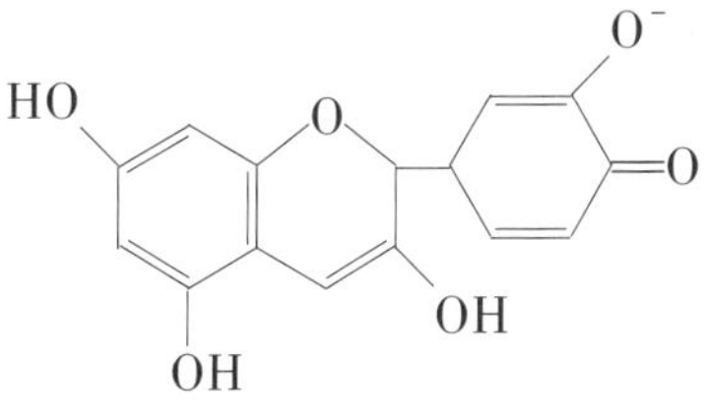

阴离子,蓝色

利用花青素的这个性质,可进行真假黑米的鉴别。简要做法是:将黑米分为 3 份,分别用热水浸泡,其中 1 份为对照;1 份滴加食醋,若是真黑米,由于含有花青素,遇酸会变玫红色;1 份滴加食用碱溶液,若是真黑米,遇碱会变蓝灰色;若是食品用合成着色剂染色的假黑米,遇酸、碱不易变色,因为食品用合成着色剂比较稳定。

真假葡萄酒的鉴别也类似,可先将葡萄酒滴在面巾纸上,再滴加食用碱,真葡萄酒会变蓝绿色,而假葡萄酒往往不变色。

花青素遇酸、遇碱
变色实验

【思考】若掺假黑米是由真黑米、假黑米各半混合,如何利用上述方法鉴别?

花青素与钙离子、镁离子、铁离子、铝离子等金属离子发生螯合反应,呈现灰紫色、青色、蓝色等,且不再受 pH 值的影响。例如,加工含花青素较多的食品(如梨、桃、荔枝)时,不能选用铁质器具,而应采用不锈钢器具,避免食品发生异常变色。

含花青素的食品在受光照时,容易变成褐色,所以有些食品需避光保存,如红酒通常采用棕色玻璃瓶盛装;氧气对花青素也有破坏作用;水果在加工中往往添加亚硫酸盐或二氧化硫,使其中的花青素漂白或呈微黄色。

(2)黄酮类化合物

黄酮类化合物也称花黄素,种类繁多,如黄酮、异黄酮、黄酮醇、查耳酮等,其母体结构都是 2-苯基苯并吡喃酮,其大多数化合物呈黄色、浅黄色或无色。例如,大豆中富含大豆异黄酮,具有重要的生理功能。检测大豆异黄酮含量,是判断酿造酱油真假的重要方法。

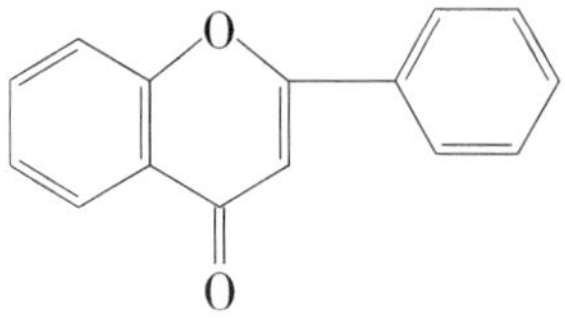

黄酮 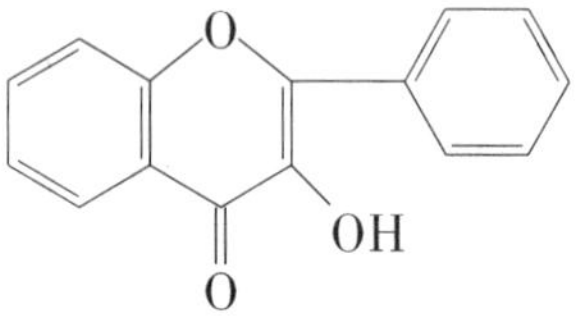   黄酮醇

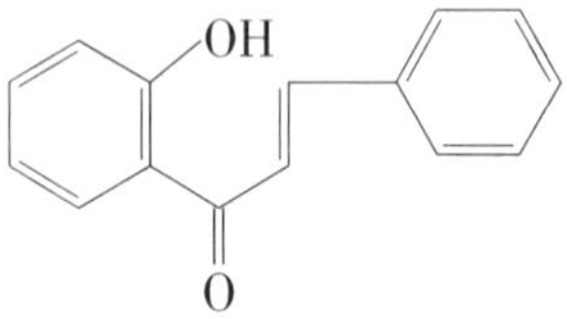

查尔酮 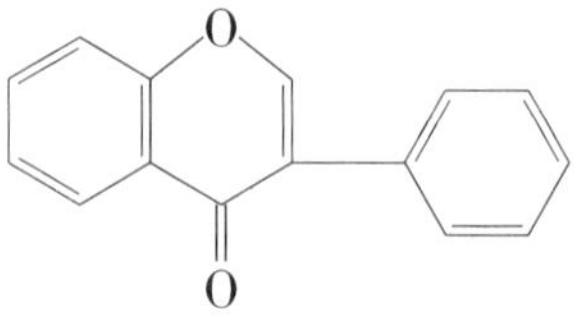   异黄酮

天然的黄酮类化合物多以与葡萄糖、半乳糖、木糖、芸香糖、鼠李糖等结合成糖苷的形式存在。例如,柚皮苷是一种黄酮类化合物,分子量为 580.55,是柚皮中含有的主要苦味物质。柚皮苷易溶于甲醇、乙醇、稀碱溶液,溶于丙酮、醋酸、热水,难溶于冷水。在柚皮蜜饯加工中,可采用水或盐水煮柚子皮的方法进行脱苦,但应控制好加热温度和加热时间,否则会将柚子皮煮烂(海绵体结构被破坏)。

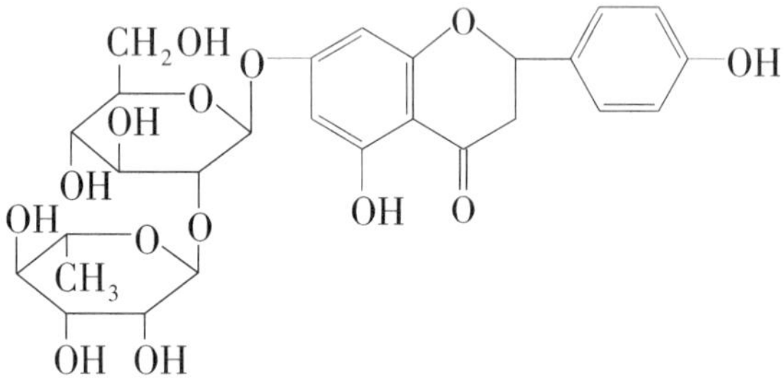

柚皮苷

在碱性溶液中,黄酮类化合物易开环生成查尔酮而呈黄色、橙色或褐色;在酸性条件下,查尔酮(呈黄色)又恢复为闭环结构,颜色消失。例如,含黄酮类化合物的果蔬(洋葱、马蹄、马铃薯、花椰菜等)在碱性水中预煮时往往会变黄而影响产品质量,在生产时加入少量柠檬酸调节 pH 值,以避免黄酮类化合物的变化。

黄酮类化合物在空气中久置,易发生氧化而产生褐色物质,这是果汁久置变褐的原因之一。黄酮类化合物可与多价金属离子形成络合物,例如与铝离子络合后黄色增强,利用该性质可以测定黄酮类化合物的含量。

（3）儿茶素

儿茶素属于水溶性物质,是绿茶中茶多酚的主要成分,占茶多酚总量的 60%~80%,是引起绿茶茶汤苦涩味的主体。儿茶素包括表儿茶素、表没食子儿茶素、表儿茶素没食子酸酯等。

【补充】茶多酚是茶叶中多酚类化合物的统称,包括儿茶素、黄酮类化合物、花青素、酚酸等。

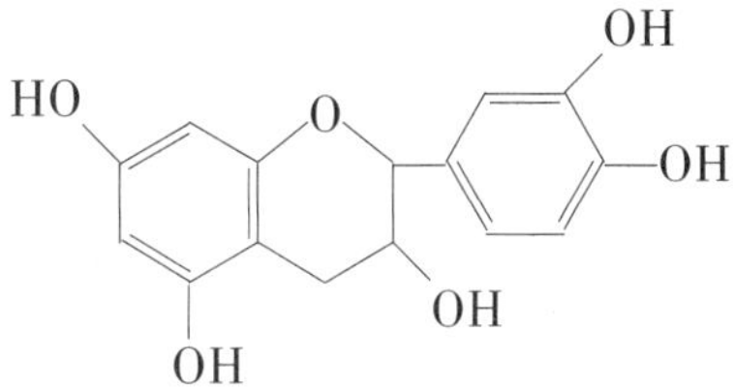

表儿茶素 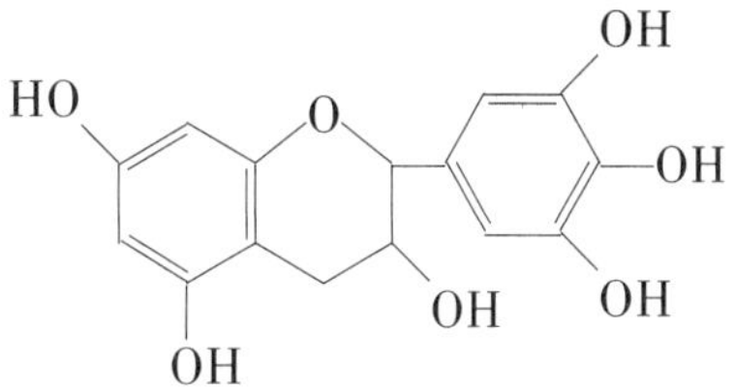　　　　　　　　　　　　　　表没食子儿茶素

儿茶素本身无色,但易被氧化成褐色的物质(如泡好的茶汤静置过夜,会发现茶汤颜色加深),尤其是在酚酶作用下褐变更快。因此,在绿茶加工中,对采摘的新鲜茶叶需要及时进行杀青处理(高温炒制),以钝化酚酶等,从而保持茶叶的绿色。

茶多酚与硫酸亚铁反应

儿茶素能与金属离子发生反应形成稳定的络合物,有的会影响儿茶素的抗氧化作用、抑菌作用;有的会发生显著的颜色变化,例如,儿茶素与亚铁离子反应出现蓝紫色。

（4）单宁

单宁也称鞣质,是引起植物可食部分涩味的主要物质。单宁存在于柿子、茶叶、咖啡、石榴等植物组织中,在未成熟果实中含量尤为多。单宁不是单一化合物,其水解后可生成葡萄糖、鞣酸(没食子酸、五倍子酸)等。

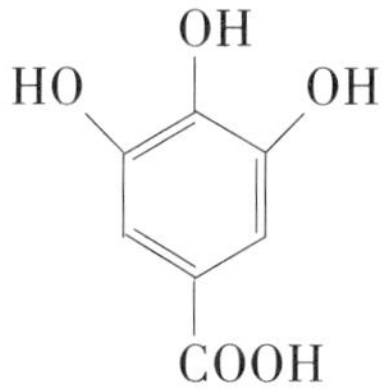

鞣酸

单宁易溶于水,颜色为白中带黄或者轻微褐色。单宁易氧化成暗黑色的氧化物,在碱性溶液中氧化更快,在用碱液为单宁含量高的水果去皮时应特别注意。

单宁能与金属离子反应,尤其是与铁离子反应生成蓝黑色物质。因此,加工单宁含量较多的食品时,不能使用铁质器具,而要采用不锈钢器具、塑料器具等。

3）类胡萝卜素

类胡萝卜素也称多烯类色素,是以异戊二烯残基为单位的共轭多烯色素,多呈红、黄、橙、紫等颜色。类胡萝卜素属于脂溶性色素,多数不溶于水,易溶于脂肪、乙醚、石油醚等。

$$—CH{=}CH{-}\overset{\overset{\textstyle CH_3}{\textstyle |}}{C}{=}CH— \quad 或$$

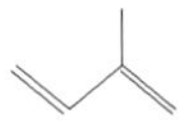

异戊二烯残基

类胡萝卜素可分为胡萝卜素类和叶黄素类两大类。

（1）胡萝卜素类

胡萝卜素类包括α-胡萝卜素、β-胡萝卜素、γ-胡萝卜素和番茄红素,其中β-胡萝卜素含量最多、分布最广。

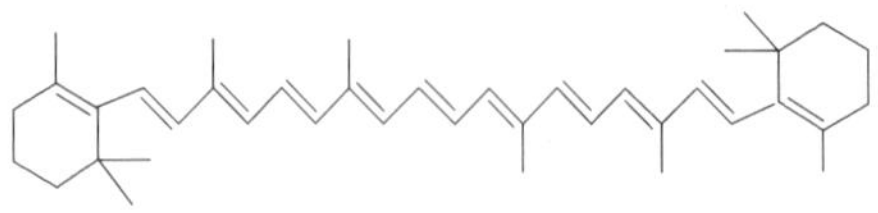

β-胡萝卜素 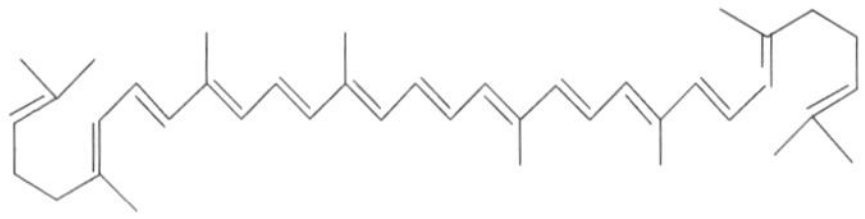   番茄红素

α-胡萝卜素、β-胡萝卜素和γ-胡萝卜素在人体内可转化为维生素 A,被称为维生素 A 原,其中 β-胡萝卜素的转化效率最高。

番茄红素不具有维生素 A 原功能,但具有强抗氧化、消除自由基的功能,可延缓衰老、预防癌症,尤其是宫颈癌、前列腺癌、乳腺癌及消化道癌等的风险明显降低。吃炸薯条时,蘸些番茄酱,不仅能提高食品的色、香、味,还可降低油炸食品的有害作用。

（2）叶黄素类

叶黄素类为共轭多烯的氧化物,包括叶黄素、玉米黄素、辣椒红素、柑橘黄素、虾青素等。其中,叶黄素与叶绿素共存,在叶绿素破坏后叶黄素方显色。叶黄素具有预防视网膜黄斑老化、改善视力的作用。万寿菊、金盏花是提取叶黄素的工业生产原料。

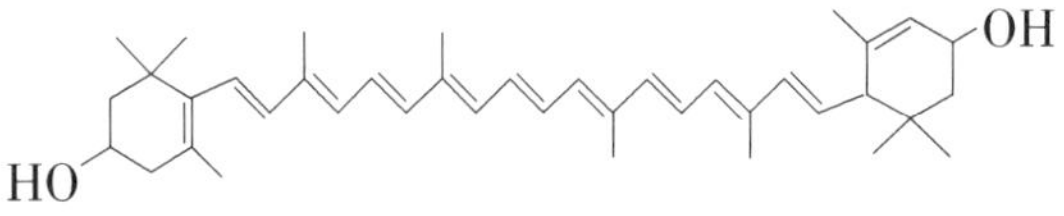

叶黄素

4）血红素

血红素是肌肉和血液的主要色素,是由铁和卟啉环构成的铁卟啉化合物。

血红素在肌肉中主要以肌红蛋白形式存在;血红素在血液中主要以血红蛋白形式存在。正常血红蛋白中的铁离子为二价。

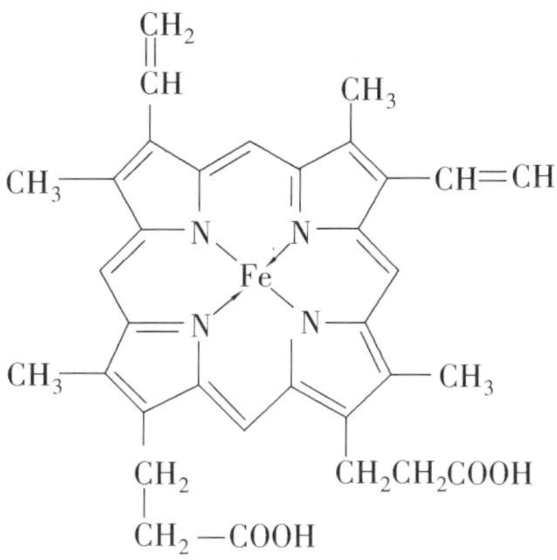

$$CH_2$$
$$\|$$
$$CH$$

血红素

(1)新鲜肉颜色

动物被屠宰放血后,由于组织供氧停止,新鲜肉中的肌红蛋白呈现原来的还原态,肌肉的颜色呈暗红色。当胴体被分割后,还原态的肌红蛋白向两种不同的方向转变:一部分肌红蛋白与氧气发生氧合作用,生成氧合肌红蛋白(Fe^{2+}),呈鲜红色,这是一种人们熟悉的鲜肉的颜色;另一部分肌红蛋白与氧气发生氧化反应,生成高铁肌红蛋白(Fe^{3+}),呈暗褐色,这种颜色是消费者所不期望的。

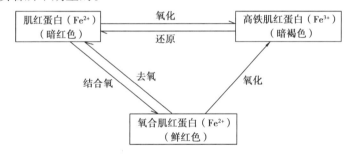

对于冷鲜肉而言,真空包装保质期长(可减少高铁肌红蛋白的形成),但产品颜色暗红(主要以肌红蛋白形式存在),影响商品感官。因此,企业的做法是分割剔骨后在工厂制成真空大包装,冷藏运输到商场后,再拆除真空包装,制成托盘小包装(与空气接触),有利于零售时冷鲜肉恢复鲜红色(形成氧合肌红蛋白)。

【拓展】有的超市或农贸市场的肉摊上采用红光灯照射,让肉的颜色看起来鲜亮(消费者在自然光下才能观察到肉本身的颜色),而实际上,肉并没有那么新鲜,因此可能会误导消费者。

(2)肉制品颜色

为了使肉制品(如中式香肠、火腿)呈现鲜红色,在加工过程中常添加硝酸钠与亚硝酸钠——肉类腌制时混合盐的主要成分。硝酸钠在亚硝酸菌的作用下还原成亚硝酸盐,亚硝酸盐在酸性条件下可生成亚硝酸。亚硝酸很不稳定,即使在常温下,也可分解产生亚硝基并很快与肌红蛋白反应生成亚硝基肌红蛋白,而亚硝基肌红蛋白呈现鲜艳的亮红色,且比较稳定,使肉制品具有良好的感官性状。

护色剂是指与肉及肉制品中呈色物质(如肌红蛋白)作用,使之在食品加工、保藏过程中不致分解、破坏,呈现良好色泽的物质(如使腊肠呈鲜艳的粉红色)。我国允许使用的护色剂有亚硝酸钠、硝酸钠、硝酸钾、亚硝酸钾。这些护色剂可以单独使用,也可以复合使用。

8.1.2 合成着色剂

1)概述

与天然色素相比,合成着色剂(也称合成色素)具有色彩鲜艳、性质稳定、着色力强而牢固、成本较低等优点,在饮料、冷饮、糖果中使用较多。

但合成着色剂本身无营养价值,对人体有直接危害或在代谢过程中产生有害物质,必须限范围、限量使用。

【范例】媒体曾报道上海某馒头加工企业违法使用柠檬黄色素、玉米香精加工染色的玉米馒头,欺骗消费者,诚信缺失。

2)种类

食品安全国家标准
食品添加剂使用标准

根据《食品安全国家标准 食品添加剂使用标准》(GB 2760—2024)规定,我国允许使用的食品用合成着色剂包括苋菜红、胭脂红、柠檬黄、日落黄、靛蓝、亮蓝、赤藓红、新红及其铝色淀等。其中,铝色淀是指将水溶性色素沉淀在氧化铝等不溶性基质上所制备的特殊色剂。

不同食品用合成着色剂及其性质见表8.1。

表 8.1　不同食品用合成着色剂及其性质

名称	0.1% 溶液色调	热	光	氧化	还原	酸	碱	盐	微生物
苋菜红	紫红色	一般	好	差	很差	好	一般	差	差
赤藓红	红色	很好	差	差	一般	很差	差	差	很好
胭脂红	红色	好	好	差	很差	好	好	很好	差
新红	红色	很好	差	好	很差	差	很好	好	好
柠檬黄	黄色	很好	好	差	很差	很好	好	一般	一般
日落黄	橙色	很好	好	差	很差	很好	好	一般	一般
亮蓝	蓝色	很好	很好	差	一般	很好	好	很好	一般
靛蓝	紫蓝色	差	差	差	很差	一般	差	差	一般

3)调色

食品用合成着色剂有红、黄、蓝 3 种基本色,可按比例混合制作橙、绿、紫等多种色调,以满足食品生产的需要。

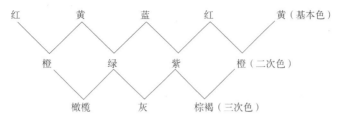

例如,某果肉果冻配料表:水、蔗糖、果肉、卡拉胶、乳酸钙、柠檬酸、香料、山梨酸、柠檬黄、胭脂红。通过柠檬黄和胭脂红,可调配出橙肉特有的橘红色。

几种食品用合成着色剂搭配用量表见表 8.2。

表 8.2　几种食品用合成着色剂搭配用量表

色调	苋菜红	胭脂红	柠檬黄	日落黄	靛蓝	亮蓝
橘红		40	60			
大红	50	50				
杨梅红	60	40				
番茄红	93			7		
草莓红	73			27		
蛋黄	2		93	5		
绿色			72			28
苹果绿			45		55	
紫色	68					32
葡萄紫	40				60	
葡萄酒	75		20			5
小豆色	43		32		25	
巧克力色	36		48		16	
芝麻色		33		33		33
橄榄绿		90				10

8.1.3　食品加工保藏中的褐变

除天然色素的颜色变化外,食品也可在加工保藏中或受到机械损伤时,颜色变褐加深,这种颜色的变化称为褐变。

按有无酶参与,食品褐变可分为酶促褐变和非酶褐变。其中,非酶褐变无需酶参与,在有氧或无氧条件下均可进行,包括美拉德反应、焦糖化反应等。

1）美拉德反应

美拉德反应也称美拉德褐变、羰氨反应,能使食品体系中含有氨基的化合物与含有羰基的化合物发生反应(如聚合反应、缩合反应)而使食品颜色加深。美拉德反应不仅影响产品色泽,也影响食品的香气(如产生浓郁芳香或焦香味)。

由于几乎所有的食品都含有羰基和氨基,因此都可能发生美拉德反应,这是食品在加热或长期贮存后发生褐变的主要原因。美拉德反应所产生的颜色随着温度升高而呈现出不同,即浅黄→金黄→红黄→酱红→焦黑。

有的美拉德反应是人们所期望的,如焙烤面包、蛋糕产生的金黄色;焙炒咖啡的棕褐色等。而有的美拉德反应是人们不期望的,例如,在乳品加工中,如果杀菌温度控制不当,乳中的乳糖、蛋白质发生美拉德反应,使乳品呈现褐色,影响产品品质。

【补充】美拉德反应的机理复杂,有兴趣的同学可查找书籍自学。

不同反应物对
美拉德反应的影响

美拉德反应的控制方法如下。

（1）选择不易褐变的原料

糖类对美拉德反应速度的影响:还原糖>非还原糖;五碳糖>六碳糖>二糖(如麦芽糖、乳糖)。木糖醇等糖醇缺乏羰基,不会与氨基酸反应发生美拉德反应。

氨基化合物对美拉德反应速度的影响:胺>氨基酸>多肽>蛋白质。

氨基酸中,高褐变活性的氨基酸包括赖氨酸、甘氨酸、色氨酸和酪氨酸;低褐变活性的氨基酸包括天冬氨酸、谷氨酸和半胱氨酸。其中,赖氨酸具有两个氨基,被认为是最具有褐变反应活性的氨基酸,而赖氨酸也是很多谷物食品的第一限制性氨基酸。因此,美拉德反应会造成赖氨酸等氨基酸的损失,降低食品的营养价值。

（2）去除易褐变的成分

例如,在蛋清粉生产中,由于蛋清中存在少量葡萄糖,会与蛋白质、氨基酸在加热干燥中发生美拉德反应,引起产品变色,因此可用葡萄糖氧化酶在有氧条件下催化葡萄糖发生氧化反应,生成葡萄糖酸,从而除去葡萄糖,避免蛋清粉发生褐变。

（3）降低温度

在面包烘焙、咖啡焙炒中,应控制加热温度、加热时间,使美拉德反应引起的褐变程度适当,产生所期望的颜色和风味。

加酸、加碱对
美拉德反应的影响

（4）降低 pH 值

碱性条件有利于发生羰氨反应,pH 值在 3 以上时,褐变速度随 pH 值的增加而加快。而在稀酸条件下,羰氨反应的缩合产物很容易水解。因此,降低 pH 值可以抑制美拉德反应。

（5）调节含水量

10%~15%的含水量最容易发生美拉德反应。在含水量很少的情况下,美拉德反应几乎不发生;在含水量很高的情况下,反应基质浓度很低,美拉德反应发生较慢。

（6）使用褐变抑制剂

亚硫酸盐是使用广泛且有效的美拉德反应抑制剂,包括亚硫酸钠、亚硫酸氢钠、焦亚硫酸钠等。亚硫酸盐抑制美拉德反应的主要机理是:亚硫酸盐可以捕获强褐变活性的中间体(如醛、酮类物质),生成褐变活性很低的中间产物,从而抑制美拉德反应。此外,亚硫酸盐可以消耗氧和降低 pH 值,间接地阻止美拉德反应的发生。

亚硫酸氢钠对
美拉德反应的影响

（7）金属离子

铁离子、铜离子等能促进美拉德反应,因此,应尽量避免加工中与铜、铁等金属器具接触(可用不锈钢器具代替)。

2）焦糖化反应

将不含氨基化合物的糖类物质加热到熔点以上温度时,会发焦变黑,生成黑褐色物质,此即为焦糖化反应。焦糖化反应中,糖类在高温作用下可形成两类物质:一类是糖的脱水产物焦糖色;另一类是糖的裂解产物,如一些挥发性醛、酮类物质,具有特殊的焦香风味。

蔗糖的焦糖化反应

焦糖色溶于水呈棕红色,是我国传统的食品着色剂,可添加到可乐饮料、酱油、菠萝啤等产品中。

思考练习

1.下列天然色素按照溶解性分类,属于水溶性的是(　　　)。

　　A.叶绿素 a　　　　B.花色素　　　　C.辣椒红素　　　　D.虾青素

2.一些含类黄酮化合物的果汁存放过久会有褐色沉淀产生,原因是类黄酮与(　　　)发生了反应。

　　A.氧气　　　　　　B.酸　　　　　　C.碱　　　　　　　D.金属离子

3.蛋粉生产过程中添加葡萄糖氧化酶的作用是(　　　)。

　　A.保护蛋白质　　　　　　　　B.加强蛋粉的品质

　　C.水解脂肪增加风味　　　　　D.避免美拉德反应

4.在有亚硝酸盐存在时,腌肉制品生成的亚硝基肌红蛋白为(　　　)。

　　A.绿色　　　　　　B.鲜红色　　　　C.黄色　　　　　　D.褐色

5.在蔬菜类食品原料的加工中,能够护绿的离子是(　　　)。

　　A.钙离子或镁离子　　　　　　B.钙离子或锌离子

　　C.铜离子或锌离子　　　　　　D.镁离子或钠离子

6.焙烤食品表面颜色的形成主要是食品化学反应中的(　　　)引起的。

　　A.非酶褐变反应　　　　　　　B.酶促褐变反应

　　C.脂类自动氧化反应　　　　　D.糖的脱水反应

7.如果使用新鲜杨梅汁作酸碱指示剂,若待测样遇到杨梅汁变为绿色,则说明该溶液的 pH 值(　　)。

　　A.小于 7　　　　　　　　B.大于 7　　　　　　　　C.等于 7

8.叶绿素在高温烹饪时,加酸或加碱都会加速绿色的褪去。(　　)

　　A.对　　　　　　　　B.错

9.在苹果种植过程中,果农如何使苹果表面出现图案或文字?

10.现在有一批绿色青菜,要过两天后才烹饪加工,为使加工后基本保持原有色泽。请从食品生物化学的角度,谈谈该采取哪些措施。

任务 8.2　味觉及味觉物质

【思政导读】

响应国家的乡村振兴战略,结合家乡食品资源,有兴趣的同学可以组队进行特色饮料调配实验;响应国家的健康中国战略,针对糖尿病人群,有兴趣的同学可以组队选用代糖甜味剂进行低糖豆浆或低糖柠檬茶饮料调配实验。

教师通过这些实验,培养学生服务国家战略需要的意识,树立家国情怀、学以致用、勇于实践、精益求精的观念。

8.2.1　味觉的概念

味觉也称味感,是指食物在人的口腔内刺激味觉器官化学感受系统而产生的一种感觉。我国习惯上将味觉分为酸、甜、苦、咸、鲜、涩、辣 7 种。

味觉产生的基本途径是:食物刺激口腔内的味觉受体,然后通过神经感觉系统将刺激传导到大脑的味觉中枢,最后通过大脑的综合神经中枢系统分析而产生味觉。口腔内的味觉受体主要是舌头上的味蕾。

8.2.2　味觉物质

1)甜味和甜味物质

甜味历来被视为美好的滋味,可以给人带来愉悦的心情。

(1)天然甜味物质

①糖:如葡萄糖、果糖、蔗糖、麦芽糖、乳糖等。②糖醇:如木糖醇、山梨糖醇、甘露糖醇

和麦芽糖醇等。③非糖天然甜味剂：如甘草、甜叶菊、罗汉果、甜茶等。

例如，甜菊糖苷是甜叶菊的茎、叶中所含的非糖天然甜味剂，其甜度为蔗糖的300倍左右；罗汉果甜苷是罗汉果的甜味成分，其甜度亦为蔗糖的300倍左右，属低热量、非发酵型的甜味剂。根据《食品安全国家标准 食品添加剂使用标准》（GB 2760—2024）规定，罗汉果甜苷属于可在各类食品中按生产需要适量使用的食品添加剂。

代糖甜味剂在养生豆浆中应用

（2）合成甜味剂

合成甜味剂包括糖精钠、安赛蜜、甜蜜素、阿斯巴甜、三氯蔗糖等。

例如，阿斯巴甜的化学名称为天门冬酰苯丙氨酸甲酯，是一种肽类甜味剂，其甜度约为蔗糖的200倍。

2）酸味及酸味物质

适当的酸味能促进人的食欲，给人爽快的感觉。通常认为，酸味主要是氢离子产生的，但也与酸根的种类、pH值、缓冲效应以及其他物质的存在有关。例如，酸味与pH值有关，当溶液的pH值大于5.0时，不易感觉到酸味；当溶液pH值小于3.0时，其酸味又让人难以忍受。

（1）柠檬酸

柠檬酸又名枸橼酸，化学名称为3-羟基-3-羧基戊二酸。柠檬酸是水果、蔬菜中分布最广的有机酸，也是食品工业中使用最广的酸味剂，因最初从柠檬中获取而得名。现在工业中所用的柠檬酸是用黑曲霉发酵生产的。

柠檬酸的酸味圆润、滋美，入口即可达到最高酸味，但后味延续较短，只使用柠檬酸，产品口感往往比较单薄，回味性差，所以常与其他酸味剂（如苹果酸、酒石酸）同用，以使产品味道醇厚丰满。例如，某荔枝味QQ糖配料：白砂糖、麦芽糖、明胶、柠檬酸、荔枝香精等。

（2）苹果酸

苹果酸化学名称为2-羟基丁二酸。几乎一切果实中都含有苹果酸，而以仁果类中最多，多与柠檬酸共存。苹果酸的酸味较柠檬酸强，酸味爽口，在口中的呈味时间显著长于柠檬酸，微有涩味和刺激性，与柠檬酸合用，可使呈味时间增长。

（3）酒石酸

酒石酸化学名称为2,3-二羟基丁二酸。酒石酸存在于许多水果中，以葡萄中含量最多。酒石酸的酸味比柠檬酸、苹果酸都强，为柠檬酸的1.2～1.3倍，稍有涩味，多与其他酸并用，特别是在葡萄类制品中能产生"天然酸味"的感觉。

（4）乳酸

乳酸化学名称为2-羟基丙酸。乳酸酸味稍强于柠檬酸。用其制作泡菜或酸菜，不仅调味，还可以防止杂菌繁殖。

（5）醋酸

醋酸化学名称为乙酸。醋酸易挥发，有强烈的刺激性气味。食醋（含有3.5%以上的醋酸）是常用的烹饪调味用酸，如山西老陈醋、白醋。

（6）磷酸

磷酸酸味强，有较强的涩味，常用于可乐饮料中。

3）苦味及苦味物质

单纯的苦味令人不愉快，但与甜、酸或其他味觉调配得当时，则能起着丰富和改进食品风味的特殊作用。例如，用苦瓜制作的菜肴被视为美味，而茶、咖啡、啤酒等更是受到广大消费者的青睐。

（1）生物碱类苦味物质

生物碱类苦味物质包括咖啡碱（咖啡、茶叶中）、可可碱（可可、茶叶中）、茶碱（主要分布于茶叶中）等。

例如，咖啡碱（也称咖啡因）及可可碱都有兴奋中枢神经的作用。

莲子心含有较多的生物碱，具有显著的苦味，降低了莲子的商品价值。因此，有的企业采用鲜莲子去除莲子心后干燥或莲子干燥后钻孔去除莲子心的方法，将去除的莲子心作为中药材，具有降血压、清热解毒等功效。

（2）萜类苦味物质

萜类苦味物质包括葎草酮、蛇麻酮、柠檬苦素等。

例如，葎草酮、蛇麻酮是啤酒花的苦味成分。

（3）糖苷类苦味物质

糖苷类苦味物质包括柚皮苷、苦杏仁苷、黑芥子苷、水杨苷等。

例如，苦杏仁苷是苦杏仁素与龙胆二糖形成的苷，存在于桃、李、杏、樱桃、苦扁桃、苹果等的果核、种仁及叶子中。

柚皮苷及柠檬苦素是柑橘类果实（柠檬、柚子）中的主要苦味物质。柚子、胡柚的果皮和瓤衣中柚皮苷含量高，食用时，需要剥除果皮和瓤衣，留下柚肉，则苦味可以为消费者所接受。现已应用柚苷酶将柚皮苷含量高的葡萄柚果汁、蜜柚汁作脱苦处理，以达到消费者接受的水平。

（4）苦味肽和氨基酸

例如，亮氨酸、异亮氨酸、苯丙氨酸、酪氨酸、色氨酸、组氨酸、赖氨酸和精氨酸等都有苦味。

（5）金属盐

例如，氯化钙、氯化镁、碘化钾等也具有苦味。

4）咸味及咸味物质

氯化钠是典型咸味的代表，咸味的主体是氯离子。其他一些具有咸味的化合物都没有它的咸味醇正。市场上有海盐、湖盐和井矿盐3类，其主要成分都是氯化钠。

基于钠离子会引起高血压，市面上已有用氯化钾部分代替氯化钠而制成的低钠盐。值得注意的是，苯甲酸钠、柠檬酸三钠、谷氨酸钠、丙酸钠等食品添加剂中也存在钠离子。

5）鲜味及鲜味物质

鲜味是一种很复杂的综合味觉，它能够使人产生食欲、增加食品的可口性。

（1）谷氨酸型鲜味物质

常见的谷氨酸型鲜味物质是谷氨酸及其钠盐。谷氨酸钠(MSG)俗称味精,具有强烈的肉类鲜味。味精的鲜味必须在有食盐的条件下才能显现(食盐起助鲜剂作用)。商品味精中的谷氨酸钠含量以 80% 最为常见,其余为精盐。

在 pH 值为 6~7 时,味精的鲜味最高;味精在高温下会生成焦谷氨酸钠,不但失去鲜味,还对人体有害。因此,最好是在菜、汤做好之后再加入味精,而不宜先放味精后加热。

（2）核苷酸型鲜味物质

核苷酸型鲜味物质主要有 5′-肌苷酸二钠（I）和 5′-鸟苷酸二钠（G）,统称呈味核苷酸二钠（简称"I+G"）,在味觉上具有肉的鲜味,是强力增味剂。

5′-肌苷酸二钠　　　　　　　　　　　　　5′-鸟苷酸二钠

例如,某酿造酱油原料配料:水、黄豆、面粉、食盐、山梨酸钾、增味剂(谷氨酸钠、5′-肌苷酸二钠和 5′-鸟苷酸二钠)等。

5′-肌苷酸二钠和 5′-鸟苷酸二钠常以 1:1 的比例并用,有显著的协同作用。I+G往往与谷氨酸钠(味精的主要成分)混合使用,其呈味作用比单用味精高数倍,广泛应用于调味品(如鸡精、鸡粉和增鲜酱油)、方便面调味包等,是主要呈味成分之一。

6）辣味及辣味物质

辣味是尖利的刺痛感和特殊的灼烧感的总和,可分为以下 3 类。

（1）热辣味物质

热辣味物质能在口中引起灼烧的感觉,常见的有辣椒素(也称辣椒碱)、胡椒碱和花椒素。

（2）芳香辣味物质

芳香辣味物质除能产生辣味外,还有某种香气。常见的有桂皮醛、姜酮、姜酚、姜醇等。

（3）刺激辣味物质

刺激辣味物质既能刺激舌、口腔黏膜,又能刺激鼻腔和眼睛。如存在于芥末中的芥子苷,葱、蒜、韭菜等中的二硫化合物。

7）涩味及涩味物质

涩味是一种由于口腔黏膜受到化学物质(如单宁、草酸)的作用,导致黏膜蛋白凝固、紧缩而形成的味觉。

葡萄酒中含有较多的单宁物质,会引起涩味。未成熟的柿子因含有较多的单宁而涩味重,需要通过催熟等方式脱除涩味。

另外,草酸、明矾等也会产生苦涩味。例如,苦瓜、竹笋中含有较多草酸,需要焯水处理,以脱除苦涩味。

8.2.3 影响味觉的因素

味觉主要包括3个方面:能否被感知;哪种味觉;接受程度。

1)阈值的影响

通常把人能感受到某种物质的最低浓度称为阈值。阈值越小的物质呈味能力越强,越容易被感知。几种味觉物质及其阈值见表8.3。

表 8.3 几种味觉物质及其阈值

味觉物质	味觉	阈值/%	
		常温	0 ℃
盐酸奎宁	苦	0.000 1	0.000 3
食盐	咸	0.05	0.25
柠檬酸	酸	0.002 5	0.003
蔗糖	甜	0.1	0.4

2)化学结构的影响

物质产生味觉的前提是该物质必须是水溶性的且挥发性低。一般来说,化学上的"酸"是酸味的;化学上的"盐"是咸味的;化学上的"糖"是甜味的;生物碱及重金属盐则是苦味的。例外情况也有很多,如草酸呈涩味;碘化钾呈苦味。

3)温度的影响

一般来说,最能刺激味觉的温度是 10~40 ℃,最敏感的温度是 30 ℃。温度过高或过低都会导致味觉的减弱。例如,日常生活中,人们在家里自制的冰棍不太甜,而所用的糖水比较甜。

4)浓度的影响

味觉物质在适当浓度时通常会使人有愉快的感觉,而不适当的浓度(如高浓度)则会使人产生不愉快的感觉。例如,食品的糖浓度过大会造成甜腻而不受消费者欢迎。

5)时间的影响

呈味物质只有溶解后才能刺激味蕾。因此,其溶解度大小及溶解速度快慢,也会使味感产生的时间有快有慢,维持的时间有长有短。例如,蔗糖易溶解,产生甜味快,消失也快;而糖精较难溶解,味觉产生慢,维持时间较长。

6)味觉相互作用的影响

(1)对比作用

味觉对比作用是指不同味觉物质相互作用而增强某种味觉的作用。例如,在味精溶液中加入一定的食盐可使鲜味增强。

（2）相乘作用

味觉相乘作用是指相同味觉物质相互作用而显著增强某种味觉的作用。例如，味精与呈味核苷酸共存时，可使鲜味增强若干倍。

（3）消杀作用

味觉消杀作用是指不同味觉物质相互作用而减弱某种味觉的作用。例如，日常生活中，人们使用味精降低菜肴的咸味；相同含盐量的酱油与盐水，前者味美而后者却太咸。

酸味、甜味之间也存在消杀现象，如当一种食品口感偏酸，可以适当加糖，使得食品酸甜适口。同理，可乐饮料含糖较多，但是通过添加酸后，会让人觉得不是很甜。

（4）变调作用

例如，神秘果是一种原产非洲的水果，被称为味蕾魔术师，其可以改变人的味蕾感受能力，使酸味、苦味的感受降低，甜味的感受增强。

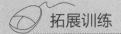 拓展训练

以9°臻选米醋、白砂糖、鲜榨果汁（挤压法制备）为原料，设计一个果汁醋饮料调配方案，进行调配实验。例如，杨桃汁20%、白砂糖9%、米醋2%、纯净水69%。

果汁醋的加工

为了响应国家的乡村振兴战略，结合家乡特色水果资源，有兴趣的同学可以自由组队，进行饮料调配加工，在乡村旅游中供消费者品尝，从而带动家乡农产品的销量，促进农民增收致富。

✓ 思考练习

1.（　　）具有酸味和鲜味，生成钠盐后酸味消失，鲜味突出。

　　A.色氨酸　　　　　B.精氨酸　　　　　C.谷氨酸　　　　　D.甘氨酸

2.单宁等多酚物质是构成红葡萄酒（　　）的一个重要因素。

　　A.酸味　　　　　　B.苦味　　　　　　C.涩味　　　　　　D.鲜味

3.测定葡萄的总酸度时，其测定结果一般以（　　）表示。

　　A.柠檬酸　　　　　B.苹果酸　　　　　C.酒石酸　　　　　D.乙酸

4.（　　）常被用作评价苦味物质的苦味强度的基准物。

　　A.可可碱　　　　　B.柚皮苷　　　　　C.咖啡碱　　　　　D.盐酸奎宁

任务 8.3 嗅觉及嗅觉物质

【思政导读】

教师通过图片、视频,介绍我国悠久的葡萄酒历史和文化、品鉴方法;介绍近代以来我国葡萄酒产业发展成绩,如 1892 年,爱国华侨张弼士在烟台栽培葡萄并建立了张裕葡萄酿酒公司,开创了我国工业化生产葡萄酒的先河;介绍宁夏回族自治区在贺兰山东麓大力发展葡萄酒产业的情况。

通过案例,穿插食品生物化学知识学习,激发学生的民族自豪感,培养学生崇高的家国情怀,增强民族自豪感和文化自信。

8.3.1 嗅觉的概念

嗅觉也称嗅感,是指食品中的挥发性物质刺激鼻腔内的嗅觉神经细胞而在中枢神经中引起的一种感觉。其中,将令人愉快的嗅觉称为香味,令人厌恶的嗅觉称为臭味。嗅觉是一种比味觉更复杂、更敏感的感觉现象。

嗅觉的特点:

①敏锐。人的嗅觉相当敏锐,一些气味化合物即使在很低的浓度下也会被感知。

②易疲劳与易适应。如香水虽芬芳,但久闻也不觉其香;当人的注意力分散时会感觉不到气味。

③个体差异大。不同的人,嗅觉差别很大,即使嗅觉敏锐的人也会因气味而异。

④阈值会随人身体状况变动。如当人的身体疲劳或营养不良时,会引起嗅觉功能降低;人在生病时会感到食物平淡不香。

8.3.2 植物性食品的香气

很多水果具有浓郁的芳香气味。其香气成分主要是酯类、醛类和萜类化合物,其次是醇类、酮类及挥发酸等。大多数水果越成熟,香气成分越多,香气越浓。人工催熟的果实香气一般不及自然成熟的果实。

柠檬爆气球实验

例如,萜烯、醛、酯等挥发性物质是形成柑橘风味的主要成分,其中柠檬烯含量为80%~90%,是橘、柚中的主要香气成分。

8.3.3 动物性食品的香气与臭气

1)水产品的腥臭味

例如,海产鱼中有相当数量的氧化三甲胺$[(CH_3)_3N=O]$,海产鱼在陈放后,经细菌作用,其鱼体中产生大量三甲胺$[(CH_3)_3N]$,是产生腥臭味的主要物质。

2)牛乳的香气成分

牛乳的香气成分很复杂,其中甲硫醚被认为是牛乳风味主体。鲜乳在过度加热时常产生一种不好闻的加热臭气。

3)肉香成分

新鲜肉带有家畜原有的生臭味,在熟烂时便会发出香气,这些气味中起重要作用的有内酯(如 γ-丁酸内酯、γ-戊酸内酯等)、呋喃(2-戊基呋喃等)、吡嗪(2-甲基吡嗪、2,5-二甲基吡嗪等)、含硫化合物(甲硫醇、乙硫醇、甲基硫化氢等)。

肉产生的香气与加工的温度有关,因此,肉汤、烤肉或用油煎炒的肉香是不同的。肉香是多种呈香物质的综合反映。其中,糖和氨基酸之间的美拉德反应起着重要的作用。

8.3.4 加工过程中香气的产生

1)焙烤食品的香气

例如,面包除了在面团发酵过程中形成醇、酯的香气,还在焙烤过程中发生美拉德反应产生面包的香气,在发酵面团中加入亮氨酸、缬氨酸、赖氨酸有增强面包香气的效果。

2)发酵食品的香气

例如,我国有悠久的酿酒历史,形成了以浓香型、酱香型、清香型等为主体的白酒风味风格,如酱香型的茅台酒、浓香型的泸州老窖、清香型的汾酒等。白酒中所含的风味物质非常复杂,主要有十几种,主要是酯类、醇类、酸类及醛类物质。

酯类物质主要是乳酸乙酯、己酸乙酯、乙酸乙酯、乙酸丁酯等。它们的有无和比例决定了白酒的香型。如己酸乙酯及乳酸乙酯是泸州老窖的主要呈香物质。弄清了主要呈香物质,就可以强化酒香成分。

在醇类中,乙醇含量最大,其次是一些高级醇类,如正丙醇、正戊醇、异丁醇、异戊醇等。多元醇在白酒中呈甜味,在酒内可起缓冲作用,使白酒风味更加丰满醇厚。

酸类主要是乳酸和乙酸,对白酒的香气具有烘托作用,能产生辣味和清冽的口感。

醛类中以乙醛居多,醛类主要的作用是协调白酒香气的释放和质量。

【思考】举例说明食品中香气形成的途径有哪些。

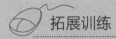

拓展训练

查找某种食品的香气成分的气相质谱(GC-MS)图谱。

思考练习

1.食品香味是多种呈香物质的综合反映。(　　)
　　A.对　　　　　　　　B.错

2.鉴定食品中香气成分(定性和定量)最常用的技术是(　　)。
　　A.GC-MS　　　　　B.GC　　　　　　　C.IR　　　　　　　D.UV

3.(　　)是海产鱼腐败臭气的代表性成分,与脂肪作用就产生了所谓"陈旧鱼味"。
　　A.氨　　　　　　　B.二甲胺　　　　　C.三甲胺　　　　　D.氧化三甲胺

4.葱、蒜、韭菜等的香辛成分的主体是(　　)。
　　A.醇类　　　　　　B.硫化物　　　　　C.乙酸酯类　　　　D.吡嗪类

项目9 核酸

项目描述

本项目主要介绍核酸的结构、性质及应用。

学习目标

◎掌握核酸、核苷酸的结构。

◎掌握核酸的性质及应用。

能力目标

◎能掌握核酸的结构、性质及应用。

教学提示

◎教师应提前准备相关视频,如转基因食品争论、假鸭血事件等视频辅助教学;也可根据实际情况,开设转基因快速检测等实验。

任务 9.1　核酸的结构

【思政导读】

我国的盐碱地面积近 15 亿亩,是名副其实的"盐碱地大国"。《中华人民共和国粮食
安全保障法》提出,国家推动盐碱地综合利用,要挖掘盐碱地开发利用潜
力,分区分类开展盐碱耕地治理改良,加快选育耐盐碱特色品种,推广改良
盐碱地有效做法,遏制耕地盐碱化趋势。我国科研团队积极开展科研攻
关,发现调控耐盐碱性状的重要基因,并通过杂交、选育、种植,培育出适合
盐碱地生产的新品种,其中就有袁隆平团队的海水稻(耐盐碱水稻)。

中华人民共和国
粮食安全保障法

通过介绍我国盐碱地开发现状、海水稻的发展历史,引出涉及的核酸知识,引导学生深
刻领会习近平总书记有关粮食安全、"中国人的饭碗任何时候都要牢牢端在自己手中,饭碗
主要装中国粮"等论述的重大意义,培养科技报国、造福人民的家国情怀,树立不畏艰险、勇
于创新的科学精神。

9.1.1　核酸概述

核酸是由许多核苷酸聚合成的生物大分子化合物,广泛存在于动植物细胞、微生物体
内,占细胞干重的 5%~15%。

根据化学组成不同(所含戊糖不同),核酸可分为两类:核糖核酸(RNA)和脱氧核糖核
酸(DNA)。在真核细胞中,98%以上的 DNA 存在于细胞核中,是储存、复制和传递遗传信
息的主要物质基础(线粒体、叶绿体也含有 DNA);约 90%的 RNA 存在于细胞质中,在蛋白
质的生物合成中起重要作用。DNA 的相对分子量特别巨大,一般为 $10^6 \sim 10^{10}$。RNA 的相
对分子量变动范围很大,但比 DNA 小得多,在数百至数百万之间。

核酸不仅与遗传变异、生长发育、细胞分化等正常的生命活动有密切关系,而且还与肿
瘤发生、辐射损伤、遗传病及其他代谢疾病等生命异常现象有密切关系。

人类从食品中获取核酸并进行分解代谢,代谢后的产物是人体合成自身细胞内核酸的
必需原料。日常膳食提供的核酸已能满足人体的需要,因此,核酸并不属于营养素的范畴,
一般人群不需要额外补充。

9.1.2　核苷酸

核酸的基本结构单位是核苷酸,将核苷酸进一步水解可生成核苷和磷酸,核苷再进一

步水解则生成戊糖和碱基。核酸水解如下所示：

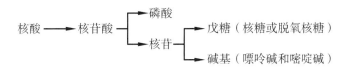

1) 戊糖

核酸分子中的戊糖有两种,都是 β-型,其中 DNA 的戊糖为 D-2-脱氧核糖,RNA 的戊糖则为 D-核糖。

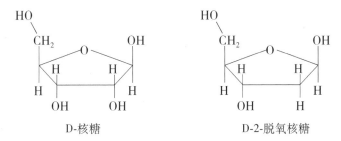

D-核糖   D-2-脱氧核糖

2) 碱基

核酸分子中的碱基为一类含氮的杂环化合物,分为嘌呤和嘧啶两类。

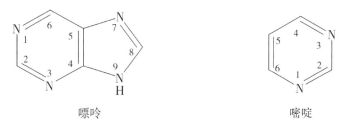

嘌呤   嘧啶

【补充】嘌呤代谢异常是人体尿酸增高、痛风的主要因素。这是因为核酸水解生成嘌呤,而嘌呤在肝脏进一步氧化成 2,6,8-三氧嘌呤(称为尿酸),尿酸盐沉积到关节腔等组织引起痛风发作。

组成 DNA 的碱基(4 种):

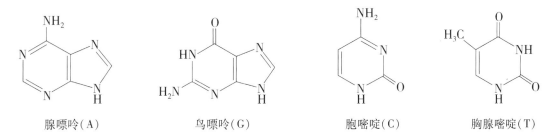

腺嘌呤(A)   鸟嘌呤(G)   胞嘧啶(C)   胸腺嘧啶(T)

组成 RNA 的碱基(4 种)：

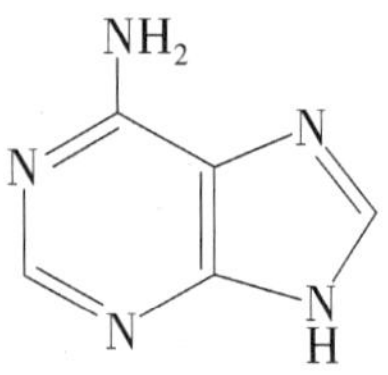

腺嘌呤(A) 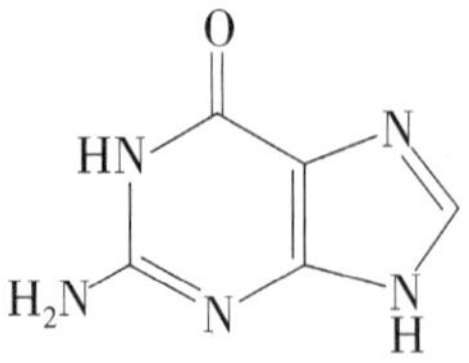　　　　鸟嘌呤(G) 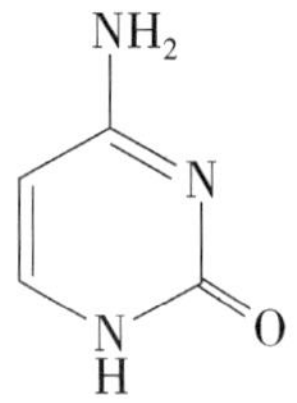　　　　胞嘧啶(C) 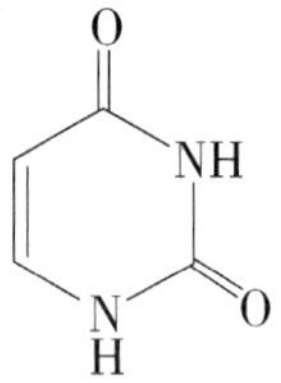　　　　尿嘧啶(U)

3) 核苷

戊糖上的羟基(—OH)和碱基上的氢脱水缩合后所形成的化合物称为核苷。糖环上的 C_1 与嘧啶碱的 N_1 或与嘌呤碱的 N_9 相连接,形成嘧啶核苷或嘌呤核苷。糖与碱基之间的连键是 N—C 键,称为 N—糖苷键。

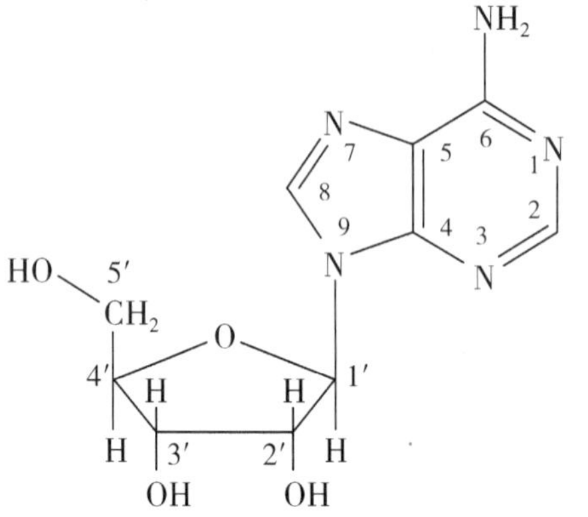

腺嘌呤核苷 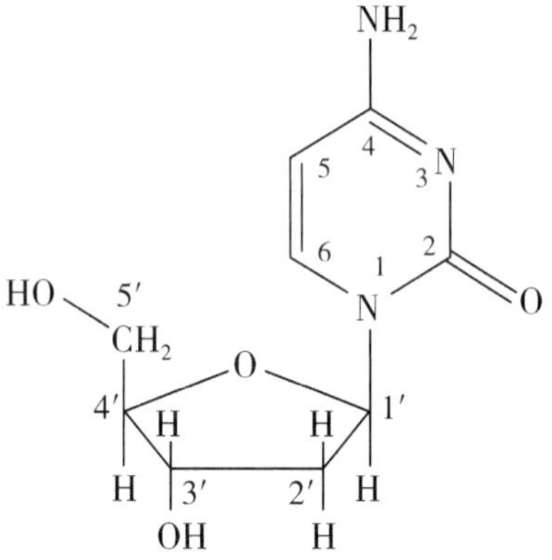　　　　　　　　　胞嘧啶脱氧核苷

【补充】糖苷键均为 β-糖苷键,碱基与糖环平面相互垂直。

核糖核苷的核糖上有 3 个自由的羟基,可以形成 2′-核糖核苷酸、3′-核糖核苷酸、5′-核糖核苷酸;脱氧核糖核苷的脱氧核糖上有 2 个自由的羟基,可以形成 3′-脱氧核糖核苷酸、5′-脱氧核糖核苷酸。但生物体内的核苷酸多为 5′-核糖核苷酸或 5′-脱氧核糖核苷酸。

4) 核苷酸

组成 RNA 的核苷酸(4 种)：

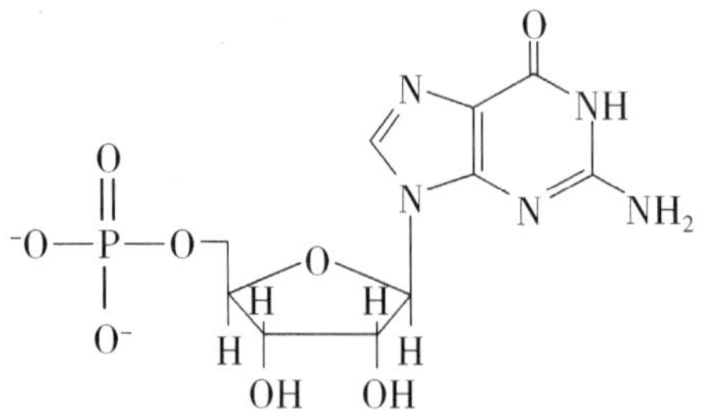

鸟苷酸(GMP) 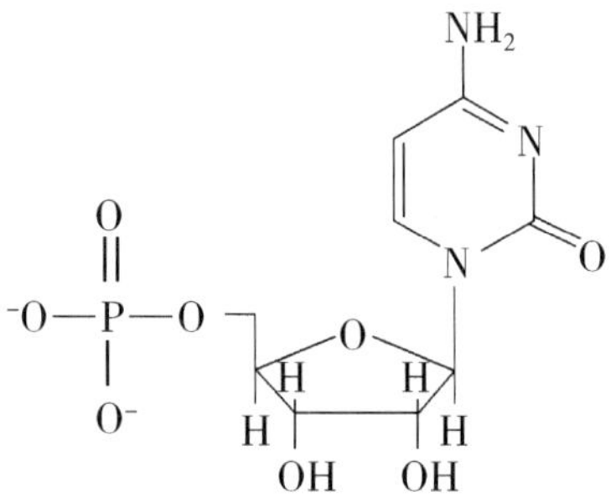　　　　　　　　胞苷酸(CMP)

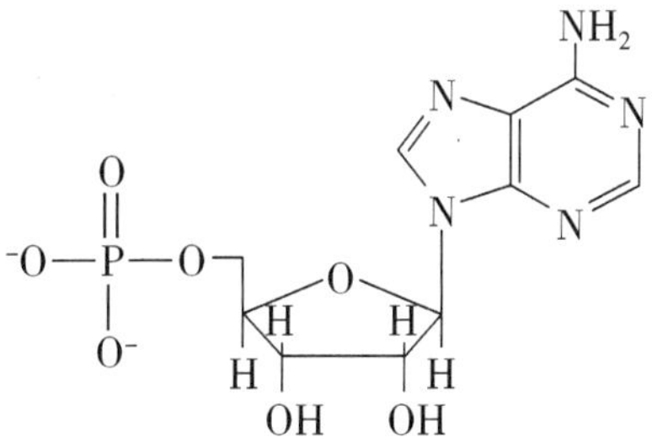

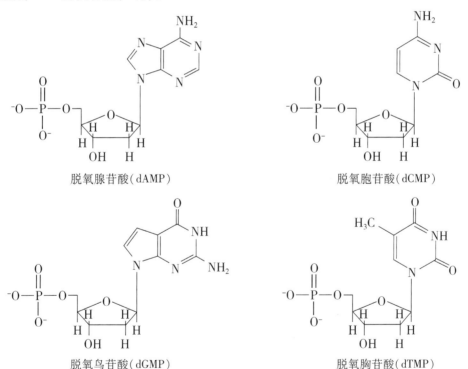

腺苷酸(AMP)

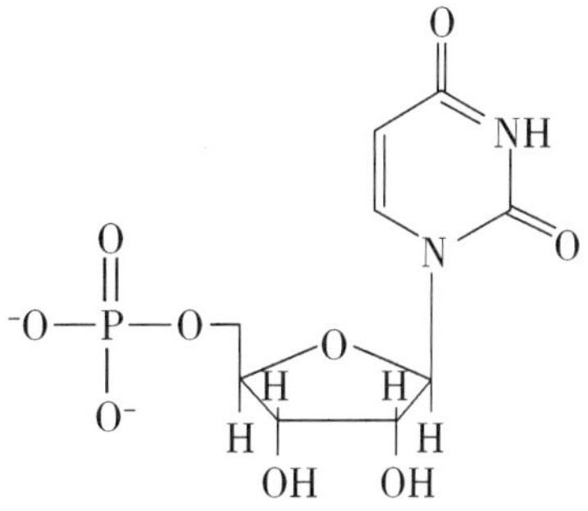

尿苷酸(UMP)

【补充】核苷酸参与某些生物活性物质的组成：如烟酰胺腺嘌呤二核苷酸（辅酶Ⅰ，NAD^+）、烟酰胺腺嘌呤二核苷酸磷酸（辅酶Ⅱ，$NADP^+$）和黄素腺嘌呤二核苷酸（FAD），详见任务6.2。

组成 DNA 的核苷酸(4 种)：

脱氧腺苷酸(dAMP)

脱氧胞苷酸(dCMP)

脱氧鸟苷酸(dGMP)

脱氧胸苷酸(dTMP)

【补充】组成核酸分子的主要元素有 C、H、O、N、P 等。其中，P 在各种核酸中的含量比较接近和恒定，DNA 的平均含磷量为 9.9%，RNA 的平均含磷量为 9.4%。

各种核苷酸常用缩写表示。5′-核苷酸也称磷酸核苷，通常用 NMP 来表示，其中 N 代表核苷，MP 代表一磷酸。如果组成 5′-核苷酸的核苷为腺苷，则这个核苷酸称为腺苷酸、腺嘌呤核苷酸或一磷酸腺苷,英文缩写为 AMP。如果 5'-核苷酸的戊糖是脱氧核糖,那么在核苷酸名称之前冠以"脱氧"二字。如脱氧腺苷酸(腺嘌呤脱氧核苷酸)为 dAMP,英文缩写中的 d 表示"脱氧"之意。

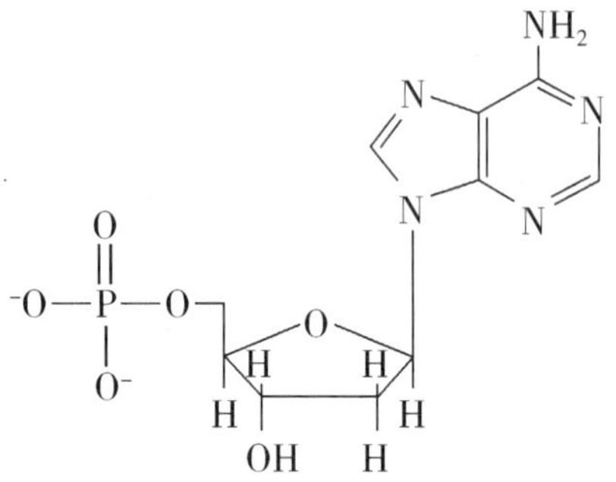

5'-磷酸脱氧腺苷(5'-dAMP)

9.1.3 核酸

1)DNA 的结构

DNA(脱氧核糖核酸)是生物大分子,结构复杂,具有一级结构、二级结构(有规则的双螺旋结构)和三级结构。

(1)DNA 的一级结构

DNA 是由数量庞大的 4 种脱氧核糖核苷酸通过 3',5'-磷酸二酯键(主要化学键)连接起来的链状或环状多聚体。在 DNA 的脱氧核苷酸链一端的戊糖 C3'上有一个游离的羟基,称为 3'-羟基末端(3'-末端或 3'-端),而另一端 5'-脱氧核苷酸上磷酸是连接在戊糖的 C5'位置上,称为 5'-磷酸末端(5'-末端或 5'-端)。

DNA 的一级结构是指核酸的脱氧核苷酸的顺序,也是核酸的碱基顺序。因此,普遍的是采用简写式,A、G、C、T 既可代表碱基,也可以代表核苷酸。

5'-ATGCA-3'

(2)DNA 的二级结构

DNA 的二级结构即为 DNA 分子的空间双螺旋结构。DNA 双螺旋结构如图 9.1 所示。

【拓展】1953 年,美国分子生物学家詹姆斯·沃森(James Watson)和英国生物学家弗朗西斯·克里克(Francis Crick)依据 DNA 结晶的 X 射线衍射图谱等实验结果,创立了 DNA 双螺旋结构模型,这是核酸研究中具有划时代意义的工作。

DNA 双螺旋结构要点如下:
①DNA 由两条反向平行的脱氧核苷酸长链以右手螺旋方式盘旋而成。
②外侧由脱氧核糖和磷酸交替连接构成骨架,碱基平行排列在内侧。
③两条脱氧多核苷酸链之间同一水平上的碱基是通过氢键相连形成碱基对。

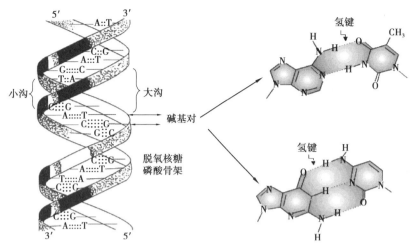

图 9.1　DNA 双螺旋结构示意图

④碱基配对严格遵循互补原则,即 A 与 T 配对(2 个氢键)、G 与 C 配对(3 个氢键),即 [A]=[T];[G]≡[C]。

⑤维持双螺旋结构稳定性的因素包括碱基堆积力、疏水作用、氢键和静电排斥力等。

(3)DNA 三级结构

DNA 三级结构是指 DNA 链进一步扭曲盘旋形成的超螺旋结构,是 DNA 的高级结构。例如,原核生物 DNA 的高级结构,如图 9.2 所示。

图 9.2　原核生物 DNA 的高级结构

2)RNA 的结构

RNA 的一级结构是由 4 种核糖核苷酸按照一定顺序,以 3′,5′-磷酸二酯键彼此连接形成的无分支线形多聚核糖核苷酸链。

天然 RNA 为单链线形分子,局部区域为双螺旋结构。这些双链结构是 RNA 单链分子通过自身回折使得互补碱基对相遇配对(G 和 C 间形成 3 个氢键,A 和 U 间形成 2 个氢键),形成氢键结合而成的,如图 9.3 所示。

图 9.3　RNA 中的局部双螺旋结构

高级技术

　　人类基因组计划是人类科学史上的一个伟大工程,通过测定组成人类染色体中所包含的30亿个碱基对组成的核苷酸序列,从而绘制人类基因组图谱,并且辨识其载有的基因及其序列,达到破译人类遗传信息的最终目的。我国于1999年9月积极参加到这项研究计划中,承担其中1%的任务,即人类3号染色体短臂上约3 000万个碱基对的测序任务。中国因此成为参加这项研究计划的唯一的发展中国家。

　　人类基因组计划的目的是解码生命、了解生命的起源、了解生命体生长发育的规律、认识种属之间和个体之间存在差异的起因、认识疾病产生的机制以及长寿与衰老等生命现象、为疾病的诊治提供科学依据。例如,人类基因组计划的一个重要应用领域是生殖医学。如果父亲或者母亲有遗传性疾病的情况,有可能也会遗传给下一代,可以通过产前基因检测的方式,如羊水穿刺、绒毛活检、脐带血穿刺、胎儿组织活检等进行基因检测。出生缺陷的种类繁多,包括先天性畸形、遗传代谢性缺陷、先天性残疾(盲、聋、哑)、免疫性疾病、智力低下、先天性肿瘤等,通过做产前基因检测,可以降低遗传疾病的发生率。

思考练习

1.下列选项中不是核苷酸组成成分的是(　　　　)。

　　A.嘌呤　　　　　　B.戊糖　　　　　　C.磷酸　　　　　　D.吡咯

2.1分子ATP中含(　　　　)个高能磷酸键。

　　A.1　　　　　　　B.2　　　　　　　C.3　　　　　　　D.4

3.1分子ATP具有的腺嘌呤基团、高能磷酸键、磷酸基团的数量依次是(　　　　)。

　　A.1、2、3　　　　B.1、1、2　　　　C.1、2、2　　　　D.2、2、3

4.3分子ATP含有(　　　　)个高能磷酸键。

　　A.9　　　　　　　B.6　　　　　　　C.5　　　　　　　D.3

5.在1个DNA分子中,若A的摩尔比为32.8%,则G的摩尔比为(　　　　)。

　　A.67.2%　　　　　B.32.8%　　　　　C.17.2%　　　　　D.65.6%

6.核酸一级结构主要连接键是(　　　　)。

　　A.肽键　　　　　　B.二硫键　　　　　C.氢键　　　　　　D.磷酸二酯键

任务 9.2　核酸的性质与应用

【思政导读】

媒体曾曝光假鸭血事件。随着火锅行业越来越火爆,很多火锅食材的价格也水涨船高,尤其是鸭血,经常处于供不应求的状态下,于是不法商家便盯上了鸭血——加工假鸭血。假鸭血通常用猪血、牛血或鸡血等其他动物血冒充,再通过添加色素、水、胶体和其他添加剂来调整颜色和质地,以模仿真鸭血制品。

教师结合核酸相关知识,分析如何解决肉制品掺假检测的问题,培养学生养成遵纪守法、诚信经营的意识,引导学生树立科学精神,努力学好检测技术,造福人民。

9.2.1　核酸的性质

1)核酸的溶解性

DNA 或 RNA 往往与蛋白质结合,形成核蛋白,如 DNA 蛋白或 RNA 蛋白。DNA 蛋白的溶解度在 0.14 mol/L 的 NaCl 溶液中最低,几乎不溶,在 1 mol/L 的 NaCl 溶液中的溶解度要比在纯水中高 2 倍;而 RNA 蛋白在盐溶液中溶解度受盐浓度的影响较小,在 0.141 mol/L 的 NaCl 溶液中溶解度较大。因此,常用此法分别提取这两种核蛋白,然后再用蛋白变性剂(SDS,即十二烷基硫酸钠)去除蛋白质。

DNA 和 RNA 都是极性化合物,一般都溶于水,而不溶于乙醇、丙酮、氯仿、乙醚等有机溶剂。因此,常用浓度为70%的乙醇从溶液中沉淀核酸。

2)核酸的等电点

DNA 和 RNA 分子中既有酸性的磷酸基,又有碱基上的碱性基团,因此核酸在溶液中可发生两性电离,存在等电点。RNA 的等电点为 2.0~2.5,DNA 的等电点为 4.0~4.5,通常整个核酸分子呈酸性。

在中性或偏碱性溶液中,核酸通常带有负电荷,在外加电场力的作用下,向正极移动。利用核酸这一性质,常用电泳法将分子量大小不同的核酸分离。

【补充】在核酸电泳时,可加入荧光染料示踪,可以吸收紫外光或蓝光,发出荧光。

3)核酸的紫外吸收

DNA 的紫外吸收光谱如图 9.4 所示。

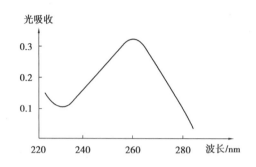

图 9.4　DNA 的紫外吸收光谱

核酸分子中的嘌呤碱和嘧啶碱具有共轭双键,可强烈吸收 260～290 nm 的紫外光,最大吸收峰波长大约在 260 nm 处。不同的核苷酸具有不同的吸收特性,利用这一特性可用紫外分光光度计对核酸加以纯度鉴定和定量测定。

【补充】波长为 200～300 nm 的紫外线都有杀菌能力,以 260 nm 的杀菌能力最强。紫外线杀菌的机理主要是:细菌体内的核酸受到紫外线的照射,形成了嘧啶二聚体(如胸腺嘧啶二聚体),抑制了核酸的复制,使 DNA 发生损伤,导致微生物死亡。

4)核酸的变性、复性

在热、酸、碱、乙醇、丙酮、尿素或酰胺等理化因素的作用下,核酸分子中双螺旋区的氢键断裂,双螺旋结构破坏,使双链解开形成单链线团结构,这种现象称为核酸的变性。DNA 变性示意图如图 9.5 所示。

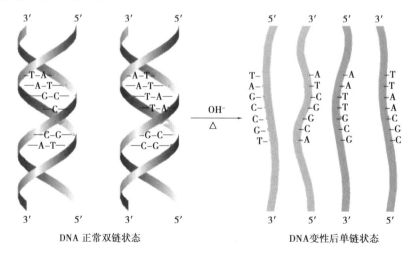

DNA 正常双链状态　　　　　　　　　　　DNA 变性后单链状态

图 9.5　DNA 变性示意图

核酸的变性只改变其高级结构,而一级结构不变。所以,核酸变性不涉及共价键的断裂,变性后相对分子质量不变。但核酸变性后,其性质会发生一系列变化,如生物活性丧失;核酸出现增色效应,即 DNA 双链分子解链后碱基外露,导致 DNA 分子在波长为 260 nm 处的紫外吸收值升高。

引起核酸变性的因素很多,通常将加热引起的核酸变性称为热变性。加热引起双螺旋结构解体,所以又称 DNA 的解链或融解作用。例如,将 DNA 的稀盐溶液加热到 80~100 ℃,几分钟后两条链间氢键断裂,双螺旋解体,两条链彼此分开,形成两条无规则线团。DNA 的热变性及解链温度如图 9.6 所示。

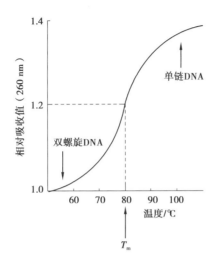

图 9.6 DNA 的热变性及解链温度

DNA 的解链过程并不是随着温度的升高逐步发生,而是当温度达到某一数值时,在一个很窄的温度范围内突然发生并迅速完成。通常将使 DNA 变性达到 50% 时的温度称为该 DNA 的解链温度或融解温度,用 T_m 表示。核酸分子的 T_m 值与其 G≡C 含量有关,G≡C 含量越多,核酸分子的 T_m 值越高。

变性 DNA 在适当条件下,两条彼此分开的单链可借助碱基对重新形成链间氢键,连接成双螺旋结构,这个过程称为复性。复性后 DNA 分子的某些理化性质、生物活性可以得到部分或全部恢复。例如,复性过程中,紫外吸收值降低,此现象称为减色效应。

【补充】PCR 也称聚合酶链式反应,可以将非常少量的 DNA 转化为非常大量的 DNA,是许多分子生物学的基础。PCR 技术在生物领域广泛使用,无论是化石中的古生物、历史人物的残骸,还是刑事案件中凶手所遗留的毛发、皮肤或血液,只要分离出一丁点的 DNA,就能用 PCR 加以放大,进行比对。

9.2.2 核酸的应用

1)核苷酸的重要衍生物

核苷酸除组成核酸外,在生物体内还存在其他游离形式的核苷酸。

（1）ATP

ATP 即三磷酸腺苷,是 AMP（一磷酸腺苷）磷酸化生成 ADP（二磷酸腺苷）,ADP 再磷酸化生成的高能磷酸化合物。

一磷酸腺苷（AMP）

二磷酸腺苷（ADP）

三磷酸腺苷（ATP）

ATP 分子量为507，其分子结构式可简写成 A-P～P～P，表示 ATP 分子中含有3个依次连接的磷酸基团，其中末端两个磷酸基团为高能磷酸基团；"～"代表高能磷酸键，高能磷酸键断裂时，大量的能量会释放出来。

ATP 分解为 ADP 或 AMP 时释放出大量的能量，是机体生物活动、生化反应所需能量最直接和最重要的来源。构成生物体的活细胞，内部时刻进行着 ATP 与 ADP 的相互转化，同时伴随着能量的释放和储存。因此，ATP 被称为"能量通货"或"能量货币"。

$$\text{ATP} \rightarrow \text{AMP} + \text{PPi} \qquad \text{ATP} \rightarrow \text{ADP} + \text{Pi} \qquad \text{ADP} \rightarrow \text{AMP} + \text{Pi}$$

（2）cAMP

核苷酸内部也可形成磷酸酯键，生成环状核苷酸。5′-核苷酸的磷酸基可与戊糖环 C3′上的羟基脱水缩合形成 3′,5′-环核苷酸。重要的环核苷酸有 3′,5′-环腺苷酸（cAMP）和 3′,5′-环鸟苷酸（cGMP）。

其中，cAMP（3′,5′-环腺苷酸）不是核酸的组成成分，在人体内含量很少，但 cAMP 具有重要的生理功能，如增强机体免疫力、预防癌症发生、改善心血管功能、增强机体造血机能、保护肝功能等。例如，有研究发现给肿瘤患者补充 cAMP 后可使肿瘤细胞内、血浆内的 cAMP 含量提高，从而抑制肿瘤细胞增殖，并使其向正常方向转化；cAMP 具有升高白细胞的作用，可对抗放化疗引起的正常白细胞的减少。成熟枣果（如金丝小枣）的果肉中含有丰富的 cAMP 和 cGMP。

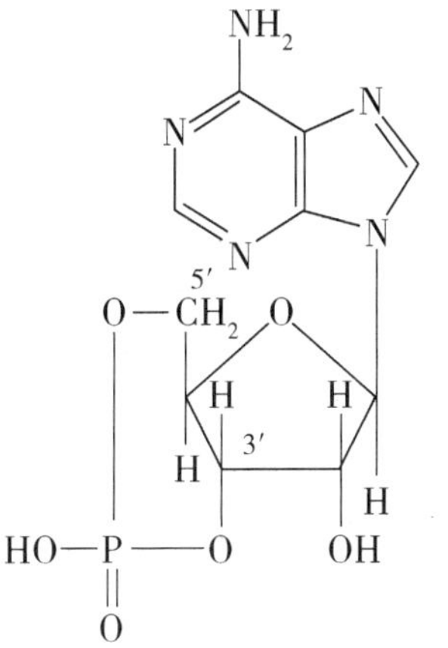

3′,5′-环腺苷酸(cAMP) 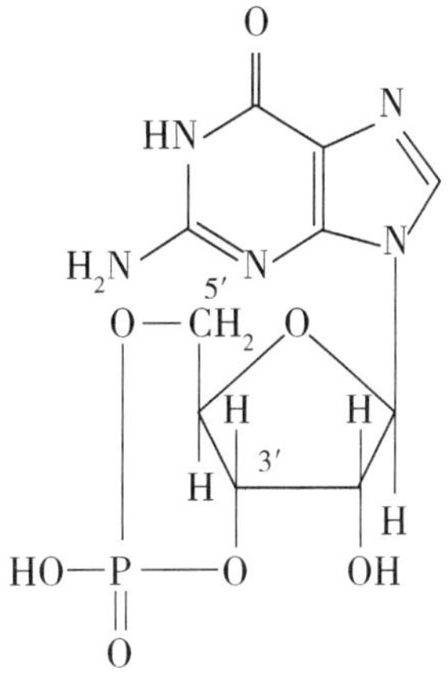　　　　3′,5′-环鸟苷酸(cGMP)

(3)IMP 和 GMP

IMP 即肌苷酸,又名次黄嘌呤核苷酸或次黄苷酸,是一种由 AMP 降解产生的核苷酸(使肉具有鲜味)。在酶的作用下,肌苷酸可以进一步分解成次黄嘌呤(具有苦味)。肉制品加工中应促进肌苷酸(IMP)的产生,而减少次黄嘌呤的产生。GMP 即鸟苷酸,是一种构成 RNA 的核苷酸。

肌苷酸、鸟苷酸通过反应生成的 5′-肌苷酸二钠(Ⅰ)、5′-鸟苷酸二钠(G)统称为呈味核苷酸二钠,在味感上具有肉的鲜味,是强力增味剂。

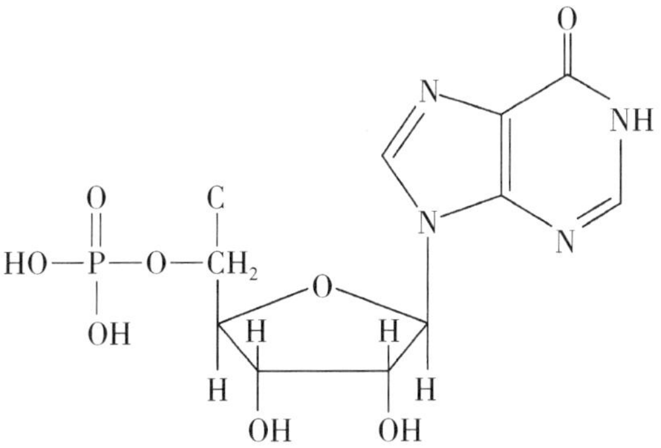

肌苷酸(IMP) 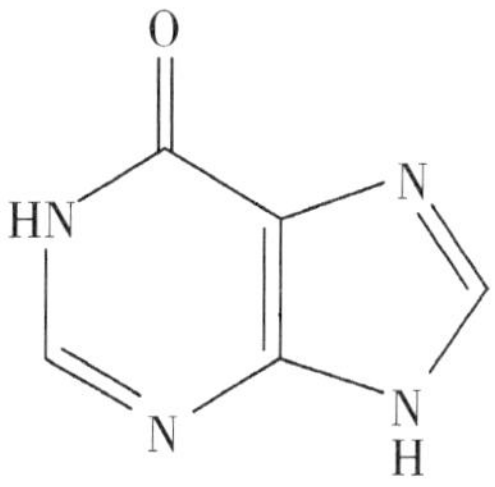　　　　　　　　次黄嘌呤

2)核苷酸的制备

通常利用啤酒厂废弃的啤酒酵母为原料提取 RNA,作为生产核苷酸的原料。

提取的方法有稀碱法和浓盐法两种。例如,稀碱法是用 1% 的 NaOH 溶液使酵母细胞壁破裂,核酸从细胞中释放,溶于水中,然后用盐酸中和,离心除去菌体。调节溶液 pH 值至2.5,使 RNA 在等电点时沉淀出来,离心收集即可得到粗品。

得到的粗品 RNA,可以用枯青霉的 5′-磷酸二酯酶降解,生成 4 种 5′-核苷酸的混合液,再通过离子交换层析技术,将 4 种 5′-核苷酸分离开,便可得到纯度高的单核苷酸。其中,5′-AMP可作为生产 ATP 的原料,5′-GMP 可作为增味剂。

3）肉制品掺假检测

不法商家将一些低品质的肉类混入高品质肉类中，以次充好，如用鸡肉或猪肉加工的假牛肉丸、掺入鸭肉的羊肉串、假鸭血等，欺诈消费者，引发人们对肉类掺假问题的高度关注。PCR 技术是肉制品掺假检测的有效方法。

例如，PCR 技术检测假鸭血的基本方法是：样品经研磨混匀后，提取 DNA，采用鸭线粒体细胞色素 C 氧化酶Ⅲ基因特异性引物进行 PCR 扩增，电泳观察扩增条带或荧光扩增曲线，可判断样品中是否存在鸭肉成分。同样，根据猪朊蛋白基因、牛生长激素基因、鸡线粒体 ND1 基因序列，设计引物探针，可以检测鸭血制品中猪、牛、鸡源性成分。

4）转基因食品

遗传信息是以核苷酸顺序的形式贮存在 DNA 分子中。基因是 DNA 分子上能够编码蛋白质的 DNA 片段，不同的基因含有不同的遗传信息。

转基因技术是指在细胞外将一种外源 DNA 片段和载体 DNA 重新组合连接，最后将重组体转入宿主细胞，使外源 DNA 片段在宿主细胞中随细胞的繁殖而增殖（也称克隆），或最后得到表达，最终获得基因表达产物或改变生物原有的遗传性状。

转基因食品是指利用转基因技术改良的动物、植物和微生物所制造或生产的食品、食品原料及食品添加物等。与传统食品相比，转基因食品具有如下优点：具有抗病虫害功能的转基因作物，可减少使用农药造成的环境污染；增加产量；延迟或提前作物成熟期；改善食品的营养成分，提高各营养成分的生物利用率；增加食品新品种等。近年来，我国油脂企业从美国、巴西等国大量进口转基因大豆，其亩产量大、出油率高，制油后的豆粕广泛用于动物饲料、食品等领域。

但是，转基因食品的安全性也受到广泛质疑：①转入的基因可能会产生不需要的性状或有毒产物；②基因整合到作物中后可能引起基因突变而导致作物死亡；③可能影响人体或动物对致病菌的耐药性；④转基因食品中由于有新蛋白产生，可能会引起机体过敏；⑤转基因食品还可能涉及营养学方面的变化，如营养成分构成的改变和不利营养因素的产生等。

目前，我国批准商业化种植的转基因作物仅有棉花和番木瓜，批准进口用作加工原料的有大豆、玉米、棉花、油菜、甜菜和番木瓜 6 种作物。消费者可以通过转基因标识来识别、选择是否购买转基因产品。我国市场上销售的转基因食品，如转基因大豆油、菜籽油，均要求标注"加工原料是转基因大豆/油菜籽"等字样，消费者可以根据自己的意愿选择。

拓展训练

　　转基因食品在我国是受严格管理的。市场上已有转基因食品快速检测卡（或试纸）销售，这种快速检测卡可以在 10～15 分钟检测出水稻、玉米、大豆等植物种子或植物叶片组织中是否含转基因成分。例如，Cry1Ab/Ac 快速检测卡可检测除虫剂转基因、CP4 EPSPS 快速检测卡可检测抗草甘膦转基因。

【样品处理】

植物叶片组织:将植物叶片组织置于提取管的盖子与管身之间,迅速盖住盖子,得到圆形叶片组织。用杆棒将叶片置于提取管的底部。用记号笔在管壁做好标记;将杆棒插入提取管中,旋转杆棒碾碎叶片,持续按压搅碎1分钟,使叶片捣碎;加入0.25 mL纯净水;重复碾碎步骤使样品与纯净水充分接触混合;拿掉杆棒(注意请将杆棒一次性使用,以免不同样品交叉污染),静置等待固体物质沉淀在管底。

提取植物种子:称取1 g粉碎均匀的样品,转移到做好标记的提取管中;加3 mL纯净水溶解;盖好提取管的盖子,用力上下震荡提取管1~2分钟,确保样品与纯净水充分混匀;静置等待固体物质沉淀在管底。注意不要交叉污染,每个样品采用单独提取管。

【使用步骤】

将检测卡和待检样品溶液恢复至常温;将检测卡平放,用滴管吸取待检样品溶液(取上清液),于加样孔中滴加3滴(约75 μL),加样后开始计时;结果应在10~15分钟读取,其他时间判读无效;读取结果时,检测卡应水平置于观察者正面。

【结果判断】

阳性(+):T线显色肉眼可见,说明样品含转基因BT Cry1Ab/Ac。

阴性(−):T线不显色(测试线,靠近加样孔一端),说明样品不含转基因BT Cry1Ab/Ac。

无效:未出现C线,可能操作不当或检测卡已失效,则改用新的检测卡重新测试。

 思考练习

1.DNA 的变性特征是(　　)。

A.在 260 nm 处光吸收值下降

B.热变性熔点因分子中鸟嘌呤及胞嘧啶含量而异

C.变性必伴随 DNA 分子共价键断裂

D.对于一种均一 DNA,其变性温度范围不变

2.DNA 热变性所破坏的是(　　)。

A.磷酸二酯键　　　　B.N-糖苷键　　　　C.氢键　　　　D.离子键

项目10 物质代谢

项目描述

本项目主要介绍糖类分解代谢、脂类分解代谢及其在食品中的应用。

学习目标

◎掌握糖类分解代谢的途径。
◎了解脂类分解代谢及 L-肉碱的功能。

能力目标

◎能掌握糖类分解代谢在食品加工中的应用（酸乳、馒头、果酒、甜米酒）。
◎理解酒精过敏症的原因。

教学提示

◎教师提前准备相关视频,结合视频(如酸奶制作、馒头制作、发糕制作、葡萄酒制作等视频)辅助教学。可根据实际情况,开设酸奶制作、馒头制作等实验。

任务 10.1 糖类代谢

【思政导读】

1857 年,法国微生物学家巴斯德(Pasteur)取得了伟大的成就,但他错误地认为发酵必须依赖活的酵母细胞,这在很长时间内阻碍了糖酵解研究的深入;1897 年,德国生物化学家比希纳(Buchner)偶然在不含酵母细胞汁的实验中发现了发酵现象,揭示了发酵可以不依赖活的酵母细胞;之后埃姆登(Embden)和迈耶霍夫(Meyerhof)等生物学家继续在此领域作出贡献,完整的糖酵解途径于 1940 年被阐明。

教师通过介绍糖酵解途径的研究历史,为学生呈现科学家所持观点碰撞和争论的科学史,培养学生不懈努力、艰苦付出的敬业精神;培养学生不盲目服从权威、常持批判思维进行分析的科学精神。

10.1.1 物质代谢

物质代谢是生命体的基本特征,涉及与周围环境之间的物质交换,以及体内物质的转化过程。物质代谢包括同化作用和异化作用两个过程,同化作用是指生命体从外界环境摄取物质,并将其转化为自身组织成分的过程,如食物的消化吸收和转化成身体组织;异化作用是指体内物质分解成代谢产物并排出体外的过程,如废物排泄。物质代谢涉及多个生理过程,需要多个组织和系统协同作用,以维持生命的正常生理功能。

根据物质种类,物质代谢分为糖类代谢、脂类代谢、蛋白质代谢、核酸代谢等;根据代谢方式,物质代谢分为合成代谢、分解代谢。

发酵产品就是物质代谢活动的产物,如面包、馒头、酸奶、甜米酒、果酒、啤酒、白酒、果醋、酱油等。因此,有必要学习糖类代谢、脂类代谢的知识和应用。

甜米酒加工

10.1.2 糖类代谢

糖类代谢包括糖类分解代谢和糖类合成代谢。其中,糖类分解代谢在面包、馒头、发糕、酸奶、泡菜、葡萄酒、啤酒、白酒等食品加工中起着关键作用。因此,本任务以葡萄糖的分解代谢为例,重点介绍糖类的分解代谢。

糖类的分解代谢是指糖类物质分解成小分子物质的过程,可以释放出大量的能量,供机体生命活动之用,同时在分解过程中形成的某些中间产物,又可作为合成脂类、蛋白质等生物大分子物质的原料。

糖类分解代谢的主要途径包括:①无氧条件下进行的糖酵解途径;②有氧条件下进行的有氧氧化。

10.1.3 糖酵解途径

糖酵解途径是指 1 分子葡萄糖分解成 2 分子丙酮酸的过程。糖酵解过程可发生在各种细胞中,是在细胞胞液中进行的。

从 1 分子葡萄糖到 2 分子丙酮酸分为 2 个阶段,共 10 个反应:第一阶段 5 个反应,消耗 2 分子 ATP(三磷酸腺苷),为耗能过程;第二阶段 5 个反应,生成 4 分子 ATP,为释能过程。2 个阶段的 10 个反应具体如下。

1) 反应 1:葡萄糖的磷酸化反应

在己糖激酶的催化作用下,葡萄糖被磷酸化成 6-磷酸葡萄糖,其中磷酸根由 ATP 供给。

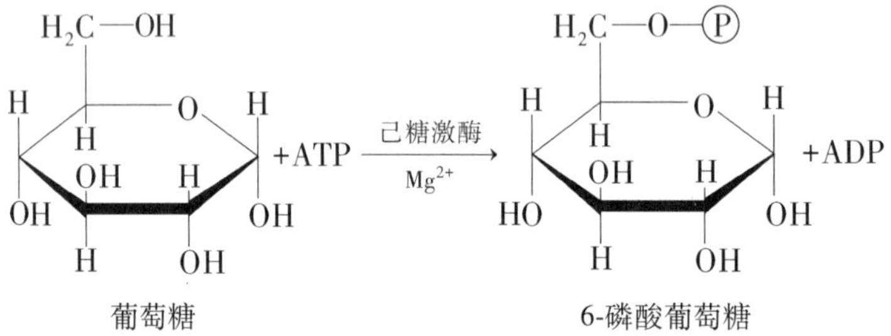

葡萄糖 +ATP $\xrightarrow[Mg^{2+}]{\text{己糖激酶}}$ 6-磷酸葡萄糖 +ADP

这一过程不仅活化了葡萄糖,有利于它识别或结合酶,进一步参与合成与分解代谢,同时还能使进入细胞的葡萄糖不再逸出细胞。己糖激酶催化的反应不可逆,6-磷酸葡萄糖是己糖激酶的反馈抑制物。

2) 反应 2:6-磷酸葡萄糖的异构化反应

在磷酸葡萄糖异构酶的催化作用下,6-磷酸葡萄糖转化成 6-磷酸果糖,这是醛糖-酮糖之间的异构化反应。此反应是可逆的。

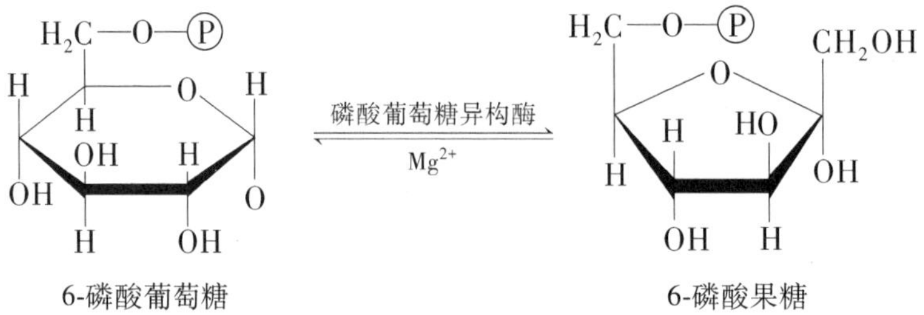

6-磷酸葡萄糖 $\xrightleftharpoons[Mg^{2+}]{\text{磷酸葡萄糖异构酶}}$ 6-磷酸果糖

3) 反应 3:6-磷酸果糖的磷酸化反应

在磷酸果糖激酶的催化作用下,6-磷酸果糖可进一步磷酸化为 1,6-二磷酸果糖。该反应不可逆,消耗 1 分子 ATP。

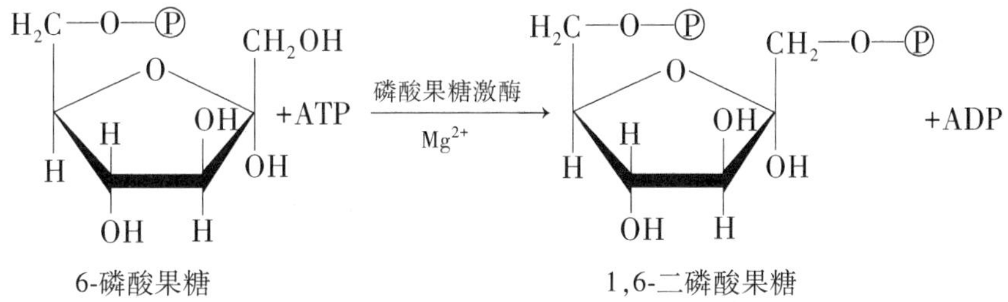

6-磷酸果糖   1,6-二磷酸果糖

4) 反应 4:1,6-二磷酸果糖的裂解反应

在醛缩酶的催化作用下,1,6-二磷酸果糖裂解为磷酸二羟丙酮和 3-磷酸甘油醛。此反应是可逆的。

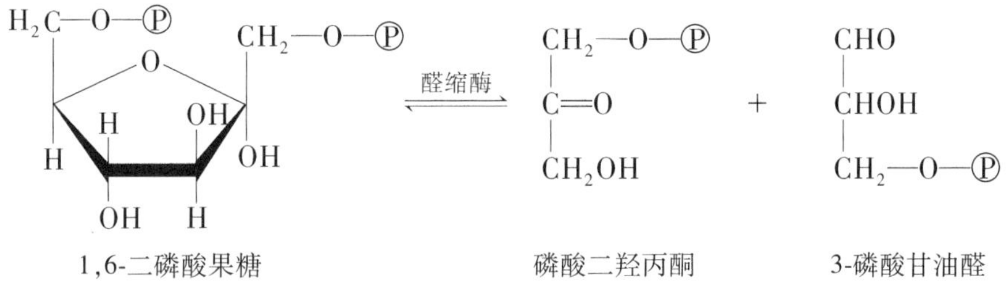

1,6-二磷酸果糖   磷酸二羟丙酮   3-磷酸甘油醛

5) 反应 5:磷酸二羟丙酮的异构反应

在磷酸丙糖异构酶的催化作用下,磷酸二羟丙酮转化为 3-磷酸甘油醛。至此,1 分子葡萄糖生成 2 分子 3-磷酸甘油醛,通过两次磷酸化作用消耗 2 分子 ATP。

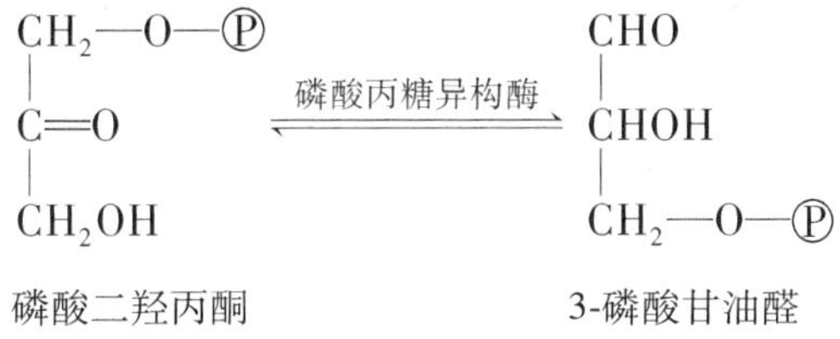

磷酸二羟丙酮   3-磷酸甘油醛

6) 反应 6:3-磷酸甘油醛的氧化反应

在 3-磷酸甘油醛脱氢酶的催化作用下,3-磷酸甘油醛氧化脱氢,并磷酸化生成 1,3-二磷酸甘油酸,形成 1 个高能磷酸键。

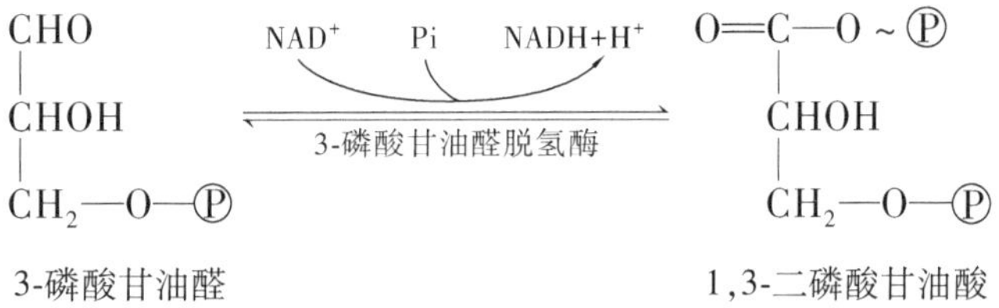

3-磷酸甘油醛   1,3-二磷酸甘油酸

7) 反应 7:1,3-二磷酸甘油酸的高能磷酸键转移反应

在磷酸甘油酸激酶的催化作用下,1,3-二磷酸甘油酸转化成 3-磷酸甘油酸,高能磷酸根转移至 ADP(二磷酸腺苷)生成 ATP。

$$O=C-O \sim ℗ \quad \xrightarrow[\text{磷酸甘油酸激酶}]{ADP \quad ATP} \quad COOH$$

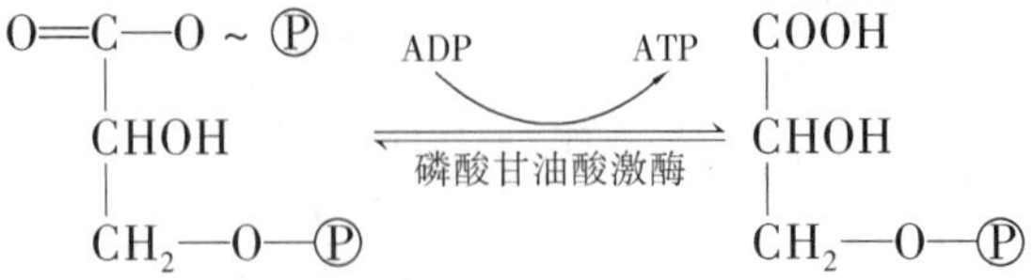

| 1,3-二磷酸甘油酸 | 3-磷酸甘油酸 |

8) 反应 8:3-磷酸甘油酸的变位反应

在磷酸甘油酸变位酶的催化作用下,3-磷酸甘油酸转化成 2-磷酸甘油酸。

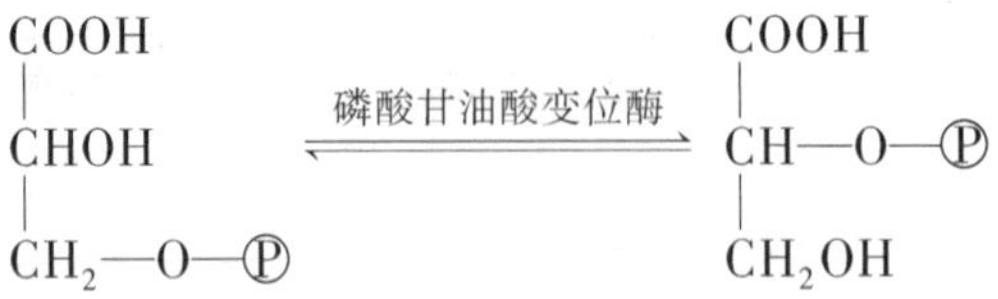

$$\xrightarrow{\text{磷酸甘油酸变位酶}}$$

| 3-磷酸甘油酸 | 2-磷酸甘油酸 |

9) 反应 9:2-磷酸甘油酸的脱水反应

在烯醇化酶的催化作用下,2-磷酸甘油酸转化成磷酸烯醇式丙酮酸,并形成 1 个高能磷酸键。

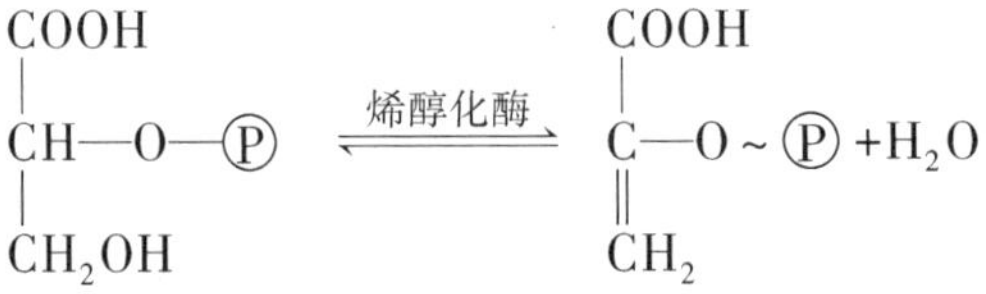

$$\xrightarrow{\text{烯醇化酶}}$$

| 2-磷酸甘油酸 | 磷酸烯醇式丙酮酸 |

10) 反应 10:磷酸烯醇式丙酮酸的磷酸转移

在丙酮酸激酶的催化作用下,磷酸烯醇式丙酮酸转化成烯醇式丙酮酸,高能磷酸根转移至 ADP 生成 ATP。

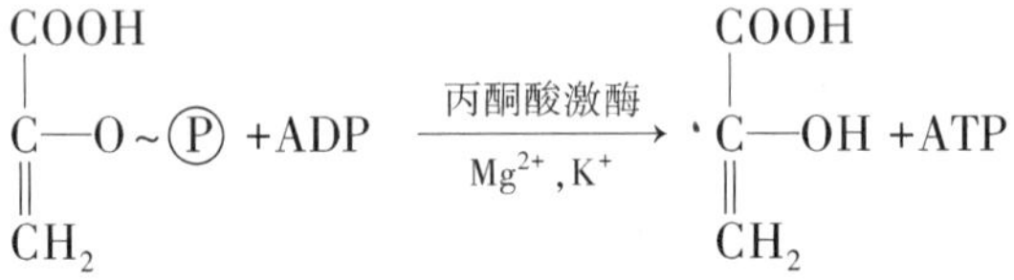

$$\xrightarrow[Mg^{2+},K^+]{\text{丙酮酸激酶}}$$

| 磷酸烯醇式丙酮酸 | 烯醇式丙酮酸 |

烯醇式丙酮酸极不稳定,可自发转化成丙酮酸。

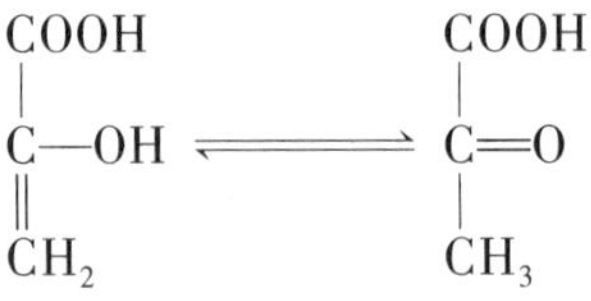

| 烯醇式丙酮酸 | 丙酮酸 |

【**补充**】从葡萄糖到丙酮酸的糖酵解过程在所有生物中都是相同的,是葡萄糖进行有氧或无氧分解的共同代谢途径。糖酵解产生的丙酮酸有 3 种代谢途径。

10.1.4 乳酸发酵

在乳酸发酵过程中,由于氧的供应短缺,乳酸菌通过糖酵解途径,利用牛乳中的糖类生成丙酮酸,丙酮酸再通过乳酸脱氢酶的催化作用产生乳酸。泡菜中也有类似的反应。

$$\underset{\text{丙酮酸}}{\overset{\text{COOH}}{\underset{\text{CH}_3}{\overset{|}{\underset{|}{C=O}}}}} +NADH+H^+ \underset{\text{乳酸脱氢酶}}{\rightleftharpoons} \underset{\text{乳酸}}{\overset{\text{COOH}}{\underset{\text{CH}_3}{\overset{|}{\underset{|}{HO-CH}}}}} +NAD^+$$

人在剧烈运动时,肌肉处于相对缺氧状态,通过糖酵解途径产生的丙酮酸会被还原为乳酸,引起肌肉酸痛,甚至造成代谢酸中毒。

10.1.5 酒精发酵

酒精发酵也称为乙醇发酵。例如,在葡萄酒的发酵过程中,酵母菌通过糖酵解途径,利用葡萄中的葡萄糖等转化成丙酮酸;在厌氧条件下,丙酮酸在丙酮酸脱羧酶系的催化作用下发生脱羧反应,生成乙醛、二氧化碳;之后乙醛在乙醇脱氢酶催化下还原成乙醇。

$$\underset{\text{丙酮酸}}{\overset{\text{COOH}}{\underset{\text{CH}_3}{\overset{|}{\underset{|}{C=O}}}}} \xrightarrow{\text{丙酮酸脱羧酶系}} \underset{\text{乙醛}}{\overset{\text{H}}{\underset{\text{CH}_3}{\overset{|}{\underset{|}{C=O}}}}}+CO_2$$

$$\underset{\text{乙醛}}{\overset{\text{H}}{\underset{\text{CH}_3}{\overset{|}{\underset{|}{C=O}}}}}+NADH+H^+ \underset{\text{乙醇脱氢酶}}{\rightleftharpoons} \underset{\text{乙醇}}{\overset{\text{}}{\underset{\text{CH}_3}{\overset{}{\underset{|}{H_2C-OH}}}}}+NAD^+$$

当人体摄入酒精后,肝脏会将乙醇初步代谢为乙醛,而肝脏中的乙醛脱氢酶会将乙醛氧化为乙酸,最终氧化分解为水和二氧化碳排出体外。

酒精过敏症其实是体内缺少乙醛脱氢酶导致的一种外在皮肤过敏反应。酒精过敏的两个必要条件是过敏体质和酒精。过敏体质人群大多体内缺少乙醛脱氢酶,一旦接触到酒精这一过敏源,便不能将乙醇转化产生的乙醛进一步代谢,从而造成乙醛中毒,出现各种酒精过敏症状,如全身发痒、身体出现起红疙瘩、红斑点等。

10.1.6 糖的有氧氧化

糖的有氧氧化是指葡萄糖在有氧情况下,氧化生成二氧化碳和水的过程,是体内糖分解产能的主要途径,其释放的能量远大于糖酵解后乳酸发酵或酒精发酵释放的能量。

1) 丙酮酸的氧化脱羧

丙酮酸进入线粒体后进行氧化脱羧,并与辅酶 A(HS—CoA)结合生成乙酰辅酶 A(乙酰 CoA),该反应由丙酮酸脱氢酶系催化,是一个不可逆的反应。这是联系糖酵解和三羧酸循环的中间环节。其总反应式为:

$$\underset{\text{丙酮酸}}{\begin{array}{c}\text{COOH}\\|\\\text{C}=\text{O}\\|\\\text{CH}_3\end{array}} + \underset{\text{辅酶 A}}{\text{HS}-\text{CoA}} \xrightarrow[\text{丙酮酸脱氢酶系}]{\text{NAD}^+ \quad \text{NADH+H}^+} \underset{\text{乙酰辅酶 A}}{\text{CH}_3-\overset{\overset{\text{O}}{\|}}{\text{C}} \sim \text{SCoA}} + \text{CO}_2$$

2) 三羧酸循环

三羧酸循环又称柠檬酸循环,是指乙酰辅酶 A 与草酰乙酸结合生成柠檬酸进入循环代谢。三羧酸循环是需氧生物体内普遍存在的代谢途径,包括 8 个反应过程,是在线粒体中进行的。

3) 生物氧化

脱下的氢经过呼吸链氧化成水并产生 ATP,反应在线粒体中进行。1 分子葡萄糖发生有氧氧化,可生成 38 分子或 36 分子 ATP。

 思考练习

1.下列不属于三羧酸循环中的酶的是(　　　)。

　A.丙酮酸脱氢酶系　　　　　　　　B.琥珀酸脱氢酶

　C.苹果酸脱氢酶　　　　　　　　　D.异柠檬酸脱氢酶

2.酒精过敏症其实是体内缺少(　　　)导致的一种外在皮肤过敏反应。

　A.乙醇脱氢酶　　　　　　　　　　B.乙醛脱氢酶

　C.乙酸脱氢酶　　　　　　　　　　D.乳酸脱氢酶

任务 10.2 脂类代谢

【思政导读】

本任务提到胰岛素,可追溯结晶牛胰岛素的合成历史。从 1958 年开始,中国科学院上海生物化学研究所、上海有机化学研究所、北京大学在前人对胰岛素结构和肽链合成方法研究的基础上,经过坚持不懈的努力,于 1965 年联合完成了结晶牛胰岛素的全合成,中国成为世界上首个人工合成蛋白质的国家。虽然这个重大的研究成果最后因为种种原因与诺贝尔奖失之交臂,但其为造福人类、保障生命健康作出了巨大贡献。

教师组织学生讨论其中涉及的食品生物化学知识,让学生认识到参与该项目的科学家们不仅有满腔的热情,还有严谨、大无畏的科学探索精神,引导学生树立国家自豪感、历史自信。

脂类(包括脂肪、磷脂、胆固醇等)是人体需要的营养素,与人体健康关系密切。脂类代谢包括脂肪分解代谢、脂肪合成代谢、磷脂分解代谢、磷脂合成代谢、胆固醇分解代谢、胆固醇合成代谢等。

脂肪是人体内的主要脂类物质,是人体能量贮存的主要形式,也是人体重要的能量来源。本任务主要介绍脂肪分解代谢,学生可以根据兴趣自学其他脂类代谢。

10.2.1 脂肪动员

脂肪是多种甘油三酯的混合物,其主要功能是分解供能和储能。在饥饿或病理条件下,储存在脂肪细胞中的脂肪被脂肪酶逐步水解为 3 分子游离脂肪酸及 1 分子甘油(该过程称为脂肪动员),并释放入血液中,以供其他组织氧化代谢,例如,甘油和脂肪酸能被彻底氧化成二氧化碳和水,并释放出大量的能量。

【补充】脂肪的消化吸收是在小肠,并且需胆汁和胰液参与。例如,胆汁中的胆汁酸盐是较强的乳化剂,能降低脂肪与水的表面张力,使脂肪乳化成细小的微团,从而增加酶与脂肪的接触面积。胰液中含有多种消化脂肪的酶,如胰脂酶等。

脂肪酶(也称脂酶、脂肪水解酶)是催化脂肪水解的酶,包括甘油三酯脂肪酶、甘油二酯脂肪酶、甘油一酯脂肪酶等。例如,甘油三酯脂肪酶、甘油二酯脂肪酶的水解反应:

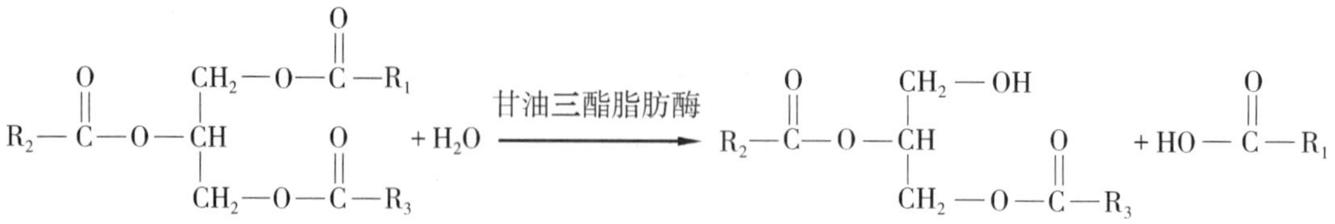

甘油三酯　　　　　　　　　　　甘油二酯　　　　　　　　脂肪酸

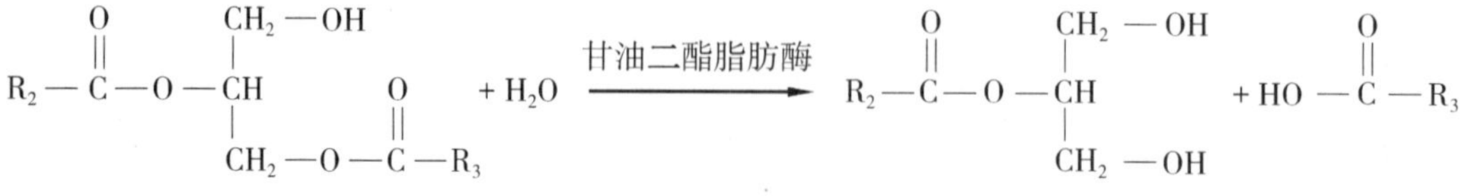

甘油二酯　　　　　　　　　　　甘油一酯　　　　　　　　脂肪酸

【补充】甘油三酯脂肪酶受多种激素的调控，又称为激素敏感性脂肪酶，它是脂肪动员分解的限速酶。胰高血糖素、肾上腺素、去甲肾上腺素、肾上腺皮质激素、甲状腺素可激活此酶，促进脂肪动员。相反，胰岛素使此酶活性降低，抑制脂肪的动员。

10.2.2　甘油的氧化分解与转化

甘油在甘油激酶的催化下，磷酸化生成 α-磷酸甘油，再经磷酸甘油脱氢酶的作用，生成磷酸二羟丙酮。

磷酸二羟丙酮可沿糖酵解途径，生成丙酮酸后经氧化脱羧进入三羧酸循环，彻底氧化成二氧化碳和水，并释放出能量。磷酸二羟丙酮也可经糖异生作用生成葡萄糖。由此可见，甘油和糖类的关系非常密切，它们之间可以相互转化。

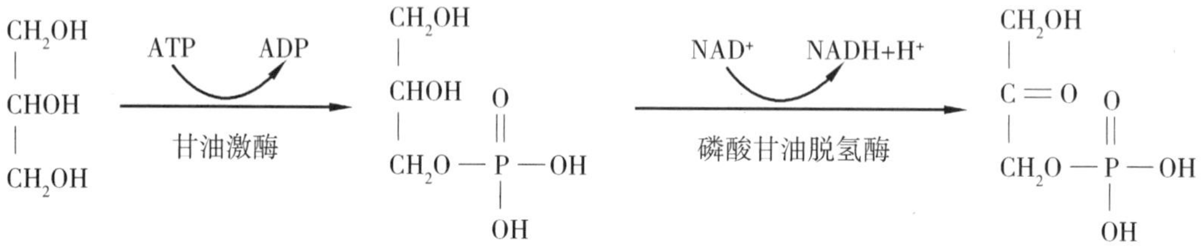

甘油　　　　　　　　　　　　α-磷酸甘油　　　　　　　　　磷酸二羟丙酮

【补充】脂肪产生的能量主要来自脂肪酸的氧化。

10.2.3　脂肪酸的氧化分解

脂肪酸在有充足氧供给的情况下，可氧化分解为二氧化碳和水，并释放大量能量，除脑组织外，大多数组织均可进行。肝和肌肉是进行脂肪酸氧化最活跃的组织。脂肪酸分解主要通过 β-氧化方式进行，分为活化、转运、β-氧化、彻底氧化 4 个阶段。

【补充】脂肪酸在体内氧化时,在羧基端的 β-碳原子上进行氧化,碳链逐次断裂,每次断下一个二碳单位(乙酰 CoA)和少 2 个碳原子的脂酰 CoA,这个过程不断重复,直至全部生成乙酰 CoA,该过程称作 β-氧化。

1)脂肪酸的活化

长链脂肪酸化学性质较稳定,氧化前必须进行活化,即:在脂酰 CoA 合成酶催化下,脂肪酸在胞浆中,与 HS-CoA(辅酶 A)结合成活化状态脂酰 CoA,该反应需有 ATP、Mg^{2+} 存在。此步反应消耗 2 分子 ATP。

$$\underset{\text{脂肪酸}}{RCOOH} + ATP + HS\text{-}CoA \xrightarrow[Mg^{2+}]{\text{脂酰 CoA 合成酶}} \underset{\text{脂酰 CoA}}{RCO \sim SCoA} + AMP + \underset{\text{焦磷酸}}{PPi}$$

2)脂酰 CoA 的转运

脂肪酸的活化是在细胞液中进行的,而 β-氧化在线粒体中进行。10 个碳原子以下的脂酰 CoA 可以透过线粒体内膜;超过 10 个碳原子的长链脂酰 CoA 不能透过线粒体内膜,需要通过肉毒碱携带进入线粒体,也称肉毒碱转运。

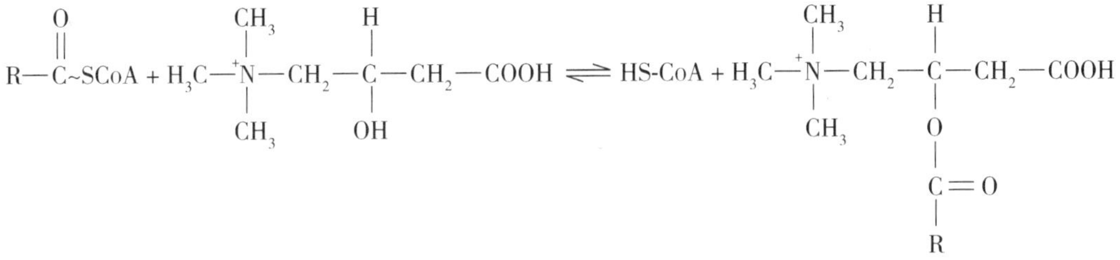

脂酰 CoA　　　　　　肉毒碱　　　　　辅酶 A　　　　脂酰肉毒碱

肉毒碱,也称肉碱、L-肉碱、左旋肉碱,化学名称为 L-3-羟基-4-三甲氨基丁酸,具有明显的加速脂肪氧化的功能,能提高机体对脂肪的利用。以 L-肉碱为主要成分的降脂食品在市场上颇受青睐。食用 L-肉碱的同时,应辅以运动,否则效果不明显。

【范例】某减肥胶囊标签。

【主要原料】L-肉碱、决明子、泽泻、荷叶、淀粉。

【功能成分及含量】每 100 g 含 L-肉碱 5.6 g。

【保健功能】减肥。

【适宜人群】单纯性肥胖人群。

【不适宜人群】孕期及哺乳期妇女。

---

3)β-氧化

进入线粒体的脂酰 CoA,经过 β-氧化作用,生成乙酰 CoA(乙酰辅酶 A)和新的脂酰

CoA。一次 β-氧化由脱氢、水化、再脱氢、硫解 4 步反应组成。

（1）脱氢

在脂酰 CoA 脱氢酶的催化下（辅基为 FAD），脂酰 CoA 的 α、β 位碳原子上各脱 1 个氢，生成 α,β-反烯脂酰 CoA 和 $FADH_2$。

$$R—CH_2—CH_2—\overset{\overset{O}{\|}}{C}{\sim}SCoA \xrightarrow[\text{脂酰CoA脱氢酶}]{FAD \quad FADH_2} R—\underset{\underset{\beta}{|}}{\overset{\overset{H}{|}}{C}}=\underset{\underset{H}{|}\atop\alpha}{C}—\overset{\overset{O}{\|}}{C}{\sim}SCoA$$

脂酰 CoA   α,β-反烯脂酰 CoA

（2）水化

在烯脂酰 CoA 水化酶催化下，α,β-反烯脂酰 CoA 水化生成 L-β-羟脂酰 CoA。

$$R—\overset{\overset{H}{|}}{C}=\underset{\underset{H}{|}}{C}—\overset{\overset{O}{\|}}{C}{\sim}SCoA+H_2O \xrightarrow{\text{烯脂酰CoA水化酶}} R—\overset{\overset{OH}{|}}{CH}—CH_2—\overset{\overset{O}{\|}}{C}{\sim}SCoA$$

α,β-反烯脂酰 CoA   L-β-羟脂酰 CoA

（3）再脱氢

L-β-羟脂酰 CoA 在 β-羟脂酰 CoA 脱氢酶作用下生成 β-酮脂酰 CoA，脱下的 2 个氢由 NAD^+ 接受，生成 $NADH+H^+$。

$$R—\overset{\overset{OH}{|}}{CH}—CH_2—\overset{\overset{O}{\|}}{C}{\sim}SCoA \xrightarrow[\text{β-羟脂酰CoA脱氢酶}]{NAD^+ \quad NADH+H^+} R—\overset{\overset{O}{\|}}{C}—CH_2—\overset{\overset{O}{\|}}{C}{\sim}SCoA$$

L-β-羟脂酰 CoA   β-酮脂酰 CoA

（4）硫解

在 β-酮脂酰 CoA 硫解酶催化下，β-酮脂酰 CoA 加 1 分子 HS-CoA（辅酶 A），生成 1 分子 $CH_3CO{\sim}SCoA$（乙酰 CoA）和 1 分子比原来少 2 个碳原子的 $RCO{\sim}SCoA$（脂酰 CoA）。

$$R—\overset{\overset{O}{\|}}{C}—CH_2—\overset{\overset{O}{\|}}{C}—SCoA + HS\text{-}CoA \xrightarrow{\text{硫解酶}} R—\overset{\overset{O}{\|}}{C}{\sim}SCoA + CH_3—\overset{\overset{O}{\|}}{C}{\sim}SCoA$$

β-酮脂酰 CoA   辅酶 A   脂酰 CoA   乙酰 CoA

上述新生成的脂酰 CoA 可再经过脱氢、水化、再脱氢、硫解多次重复循环，就会逐步生成乙酰 CoA。脂肪酸 β-氧化本身并不生成能量，只能生成乙酰 CoA 和供氢体。

4）乙酰 CoA 代谢

上述过程产生的乙酰 CoA 大多数通过三羧酸循环氧化成二氧化碳和水，并放出能量。部分乙酰 CoA 也可以参与生物体的合成反应，如合成脂肪酸、酮体等。

【补充】本项目主要介绍糖类分解代谢、脂肪分解代谢，而对于蛋白质代谢、磷脂代谢、核酸代谢、胆固醇代谢等内容，则由学生根据兴趣自主学习，这里不再赘述。

 思考练习

不属于脂酰 CoA 的 β-氧化过程的是(　　　)。

A.脱氢　　　　　　B.脱羧　　　　　　C.加水　　　　　　D.再脱氢

附　录

附录1　课程实验指导书

1）课程实验要求

①实验前,应认真预习实验指导书。先明确每个实验对应的实验原理,再做实验,不能被动实验。

②实验过程中,应认真操作,细心观察,善于思考,详细记录。积极主动实验,当实验结果出现较大误差时,应进行原因分析并通过实验验证。鼓励同学之间交流解决问题,积极开展自主实验。

③要合理分工,明确工作任务,每位同学应积极参加实验。

④认真书写实验报告,按时上交。

实验报告的内容有预习报告,包括实验操作示意图、可能出错的细节、实验结果预测,不能单纯地把实验步骤抄写一遍;实验结果和分析;思考题回答。

2）实验室规则

①自觉遵守纪律,不得喧哗吵闹、迟到早退,更不得缺席。

②爱护仪器,厉行节约。如不慎损坏仪器,应及时报告老师,说明原因,经老师同意后,方可换领,并按规定处理。

③应将所用试管、烧杯、滴管、移液管等清洗干净,然后用蒸馏水润洗。不得使用未清洗干净的玻璃器皿。取用试剂时,应仔细辨明标签,以免取错。取完试剂后,应及时将瓶盖盖好,放回原处,切忌乱拿乱放。乙醚、丙酮等易燃试剂应远离火源。

④注意实验室整洁、卫生。废弃液体不应倒入水槽放水冲走,应倒入指定容器。实验用过的棉花、废纸、沉淀废渣及其他废弃物品等均应放入指定容器,不得随意乱扔或丢进水槽。实验结束后应将各自实验台整理好。

⑤安排值日生清扫、整理实验室,关好水、电、门、窗,经实验老师检查同意后,方可离开实验室。

附录 2　课程实验

实验 1　糖的颜色反应和性质实验

1）实验目的

学习糖的颜色反应、淀粉与碘的呈色反应,掌握蔗糖的水解反应。

2）实验原理

（1）α-萘酚反应原理

糖在浓的无机酸（浓硫酸或浓盐酸）作用下,脱水生成糠醛或糠醛衍生物,而糠醛或糠醛衍生物能与 α-萘酚生成紫红色物质。所有的糖都有这种颜色反应,这是鉴别糖类物质的方法。但糠醛及糠醛衍生物也对此反应呈阳性,故此反应不是糖类的特异反应。

（2）间苯二酚反应原理

在酸作用下,酮糖（如果糖）脱水生成羟甲基糠醛,后者再与间苯二酚作用生成鲜红色物质。此反应是酮糖的特异反应。醛糖在同样条件下呈色反应缓慢,只有在糖浓度较高或煮沸时间较长时,才呈微弱的阳性反应,用此反应可鉴别酮糖和醛糖。

【补充】在实验条件下,蔗糖发生水解产生酮糖而呈阳性反应。

（3）蔗糖的水解反应

蔗糖是典型的非还原糖,在酸或蔗糖酶作用下,水解生成等量的葡萄糖和果糖。

（4）淀粉的显色反应

淀粉与碘作用呈蓝色,是由于淀粉与碘作用形成了淀粉—碘的复合物,所以当淀粉被加热或降解时,都可以使淀粉螺旋结构伸展或解体,失去淀粉对碘的束缚,因而蓝色消失。

碘与碱发生歧化反应：$I_2 + 2OH^- \longrightarrow IO^- + H_2O + I^-$。

在酸性条件下：$IO^- + I^- + 2H^+ \longrightarrow I_2 + H_2O$。

3）试剂和器材

①莫氏试剂（α-萘酚的酒精溶液）：称取 α-萘酚 5 g,溶于 95% 酒精中,并用此酒精使总体积达 100 mL,贮于棕色瓶内。此试剂需新鲜配制。

②塞氏试剂（间苯二酚的盐酸溶液）：称取间苯二酚 0.25 g,溶于 150 mL 浓盐酸中,再用蒸馏水稀释至 500 mL。此试剂需新鲜配制。

③质量分数为 1% 的葡萄糖溶液：称取葡萄糖 5 g,溶于 495 g 蒸馏水中。

④质量分数为 1% 的果糖溶液：称取果糖 5 g,溶于 495 g 蒸馏水中。

⑤质量分数为 1% 的蔗糖溶液：称取蔗糖 5 g,溶于 495 g 蒸馏水中。

⑥质量分数为1%的淀粉溶液:称取可溶性淀粉5 g,与少量冷蒸馏水混合成薄浆状物,然后缓缓倾入沸蒸馏水中,边加边搅,最后以沸蒸馏水稀释至500 g。

⑦浓硫酸:500 mL,置于通风橱,注意安全。

⑧体积分数为10%的硫酸:移取98%的浓硫酸25 mL,加水稀释至250 mL。

⑨质量分数为10%的氢氧化钠溶液:称取氢氧化钠20 g,加水180 g,搅匀。

⑩斐林试剂。

斐林试剂甲液:称取34.639 g五水硫酸铜,加水溶解,加0.5 mL浓硫酸,再加水稀释至500 mL,过滤。

斐林试剂乙液:称取173 g酒石酸钾钠与50 g氢氧化钠,加水溶解,稀释至500 mL,过滤,贮存于橡胶塞玻璃瓶内。

⑪质量分数为0.1%的淀粉溶液:称取可溶性淀粉1 g,与少量冷蒸馏水混合成薄浆状物,然后缓缓倾入沸腾的蒸馏水中,边加边搅,最后用沸蒸馏水稀释至1 000 g。

⑫碘试剂(也称碘液):称取碘化钾10 g及碘5 g,溶于500 g水中。

⑬质量分数为2%的碘化钾溶液:称取碘化钾2 g溶于98 g水中。

⑭天平、水浴锅、试管、试管架、烧杯、玻棒、量筒、滴管等。

4)操作步骤

α-萘酚反应

(1)α-萘酚反应

取4支试管,分别加入1.5 mL(约30滴)质量分数为1%的葡萄糖溶液、质量分数为1%的果糖溶液、质量分数为1%的蔗糖溶液、质量分数为1%的淀粉溶液。再向4支试管中各加入2滴莫氏试剂,摇匀。

将4支试管放入试管架中,斜执试管架,沿试管壁加入浓硫酸2 mL(不要滴到下面的溶液),切勿振摇,慢慢立起试管架,使试管竖直。

浓硫酸在试液下形成两层(密度比较大的浓硫酸沉到管底),在两层分界处有紫色环出现。观察各管是否出现紫色环和紫色环大小并记录(附表2.1)。

附表2.1 几种糖溶液的α-萘酚反应

糖溶液	现象
1%葡萄糖溶液	
1%果糖溶液	
1%蔗糖溶液	
1%淀粉溶液	

间苯二酚反应

(2)间苯二酚反应

取3支试管,分别加入5 mL质量分数为1%的葡萄糖溶液、质量分数为1%的果糖溶液、质量分数为1%的蔗糖溶液。再向各管中分别加入塞氏试剂2 mL,摇匀。

将 3 支试管同时放入沸水浴中,每 2 分钟观察各管颜色的变化(整个观察时间控制在 8 分钟内)并记录(附表 2.2)。

附表 2.2　几种糖溶液的间苯二酚反应

糖溶液	现象
1%葡萄糖溶液	
1%果糖溶液	
1%蔗糖溶液	

(3)蔗糖的水解

取 2 支试管,编号(甲管、乙管)后各加入 1 mL(20 滴)质量分数为 1% 的蔗糖溶液。

蔗糖水解

向甲管内加入 0.25 mL(5 滴)体积分数为 10% 的硫酸溶液(不是浓硫酸),混匀;乙管不加入酸。将甲管、乙管放入沸水浴中加热 10 分钟。

取出冷却后,甲管用 10 滴质量分数为 10% 的氢氧化钠溶液中和剩余的酸,乙管不用加碱中和剩余的酸。

【思考】为何甲管要用氢氧化钠中和剩余的酸?

在甲管、乙管中,各加入斐林试剂甲液 1 mL,再各加入斐林试剂乙液 1 mL,混匀,在沸水浴上加热 2~3 分钟。观察甲管、乙管是否有砖红色沉淀产生。

(4)淀粉与碘的反应

①A 反应:取试管 1 支,加入质量分数为 0.1% 的淀粉溶液 9 mL,加入质量分数为 2% 的碘化钾溶液 3 滴,摇匀,观察颜色变化。

②B 反应:取试管 1 支,加入质量分数为 0.1% 的淀粉溶液 9 mL,加入碘试剂 3 滴,摇匀,观察颜色变化。

淀粉与碘的反应

【思考】与实验②相比,实验①想说明什么问题?

③另取试管 2 支,将 B 反应液分为 2 份并编号,做如下实验:

1 号试管在电炉上适度加热,使溶液颜色变为浅黄色,停止加热,然后进行冷却,观察颜色变化。

2 号试管加入几滴质量分数为 10% 的氢氧化钠溶液,观察颜色变化。如果变色,再逐滴加入几滴体积分数为 10% 的硫酸溶液,观察颜色变化。

实验 2　蛋白质等电点测定及性质实验

1)实验目的

学习测定蛋白质等电点的基本方法,掌握蛋白质的沉淀反应和性质。

2)实验原理

在等电点时,蛋白质溶解度最小,容易沉淀析出。因此,可以借助在不同 pH 值溶液中的某种蛋白质的溶解度来测定该蛋白质的等电点。酪蛋白的等电点是 4.7 左右。

在蛋白质溶液中加入一定浓度的中性盐(硫酸铵、硫酸钠等),蛋白质即从溶液中沉淀析出,这种作用称为盐析。由盐析产生的蛋白质沉淀,当降低其盐类浓度时,又能再溶解。

重金属离子与蛋白质会结合生成不溶于水的沉淀。

3)试剂和器材

①鸡蛋白溶液:将 100 mL 鸡蛋白与 1 000 mL 蒸馏水混合,并用玻璃棒搅匀后,用洁净的多层纱布垫在漏斗上过滤,最后挤压过滤,使得尽可能多的鸡蛋白溶解到滤液中(避免有不溶性物质悬浮),滤液即为鸡蛋白溶液。

②质量分数为 0.5%的酪蛋白溶液:称取 2.5 g 酪蛋白,放入烧杯中,加入 40 ℃的蒸馏水,再加入 50 mL 1 mol/L 氢氧化钠溶液,搅拌直到蛋白质完全溶解为止。将溶解好的蛋白溶液转到 500 mL 容量瓶中,并用少量蒸馏水洗净烧杯,一并倒入容量瓶。在容量瓶中,缓慢加入 1 mol/L 乙酸溶液 50 mL,摇匀,再加蒸馏水定容至 500 mL。

③1 mol/L 氢氧化钠溶液:称取氢氧化钠 2 g,加水至 50 mL,配成 1 mol/L 氢氧化钠溶液。

④1 mol/L 乙酸溶液:吸取 99.5%乙酸 30.00 mL(本为 28.75 mL,但乙酸浓度往往不足,故实际改为 30.00 mL),加水至 500 mL。

⑤0.1 mol/L 乙酸溶液:吸取 1 mol/L 乙酸 50 mL,加水至 500 mL。

⑥0.01mol/L 乙酸溶液:吸取 0.1 mol/L 乙酸 50 mL,加水至 500 mL。

⑦质量分数为 5%的硫酸铜溶液:称取 25 g 无水硫酸铜或者 39.06 g 五水硫酸铜,加水配制成 500 g 溶液。

⑧硫酸铵饱和溶液(或硫酸钠饱和溶液)。

⑨高筋面粉。

⑩天平、水浴锅、移液管、试管等。

4)操作步骤

(1)蛋白质等电点的测定

①取 5 支同种规格的试管,编号,按附表 2.3 顺序精确加入各种试剂,特别注意先将其他试剂加入,摇匀;质量分数为 0.5%的酪蛋白溶液最后加入,摇匀。

蛋白质等电点的测定

附表 2.3　蛋白质的等电点测定表

试管号	蒸馏水/mL	1 mol/L乙酸/mL	0.1 mol/L乙酸/mL	0.01 mol/L乙酸/mL	0.5%酪蛋白溶液/mL	浑浊度	pH 值
1	8.4			0.6	1.0		5.9
2	8.7		0.3		1.0		5.3
3	8.0		1.0		1.0		4.7
4			9.0		1.0		4.1
5	7.4	1.6			1.0		3.5

注:附表 2.3 中,"浑浊度"可用"−""+""++""+++""++++"等符号表示,最浑浊(或沉淀最多)的一管的 pH 值即为酪蛋白的等电点。

此时试管 1、2、3、4、5 的 pH 值依次为 5.9、5.3、4.7、4.1、3.5。

②将上述试管静置于试管架上 15 分钟后,仔细观察,比较各管的浑浊度或沉淀情况,将观察的结果记录于表格内,并确定酪蛋白的等电点。

【思考】如果配制质量分数为 0.5% 的酪蛋白溶液时,忘记"加入 1 mol/L 醋酸溶液 50 mL",那么测出的等电点是偏向 4.1 还是偏向 5.3? 为什么?

(2)蛋白质盐析

在 1 支试管里加入 2 mL 鸡蛋白溶液,然后逐滴加入硫酸铵饱和溶液,其间不摇动试管,观察最后有无白色浑浊产生。

把少量浑浊液倾入另 1 支盛有 10 mL 蒸馏水的试管里,观察浑浊液是否变清。

蛋白质盐析

(3)蛋白质变性

在 1 支试管里加入 3 mL 鸡蛋白溶液,然后加入 1 mL 质量分数为 5% 的硫酸铜溶液,其间不摇动试管,观察有无淡蓝色絮状浑浊产生。

把少量浑浊液倾入另 1 支盛有 10 mL 蒸馏水的试管里,观察浑浊液是否变清。

蛋白质变性（硫酸铜）

蛋白质发泡性

(4)蛋白质发泡性

取一只 100 mL 烧杯,装入 5 mL 蒸馏水,插入 1 mL 移液管,用吸耳球不断鼓入空气 1 分钟,观察发泡情况(泡沫数量、泡沫持续时间)。

另取一只 100 mL 烧杯,装入 5 mL 鸡蛋白水溶液,插入 1 mL 移液管,用吸耳球不断鼓入空气 1 分钟,观察发泡情况(泡沫数量、泡沫持续时间)。

(5)面筋的黏弹性

称取 20 g 高筋粉放入干燥培养皿,再加 10 g 水,轻轻揉成团,取出放入手中,继续揉捏,直至不黏手、光滑为止。

将上述揉捏好的面团静置 20 分钟以上。

面筋的黏弹性

将上述静置好的面团,用手握住,在流量小的水中不断揉洗,应尽量避免面团散掉。直至没有淀粉洗出,即无白色液体流下为止。

将上述洗好的面团在干燥培养皿中放置30分钟以上,其间每隔5分钟转动位置,加速面团水分挥发。然后用手揉捏上述面团5分钟,至稍感面筋黏手为止,然后观察面筋的黏弹性及拉伸形成薄膜的情况。

实验3　氨基酸的纸电泳实验

1)实验目的

理解电泳技术的基本原理,掌握纸电泳的操作技术。

2)实验原理

带电颗粒在电场的作用下,向着与其电性相反的电极移动,称为电泳。如果溶液的 pH 值小于 pI,则氨基酸带正电荷,在电场中会向负极移动;而如果溶液的 pH 值大于 pI,则氨基酸带负电,在电场中会向正极移动。

本实验以混合氨基酸为材料,用纸电泳法分离不同的氨基酸。

3)试剂和器材

①水平式电泳槽、电泳仪、吹风机、点样器、毛细管、铅笔、滤纸、刀片、烘箱或电炉等。

②1/15 mol/L 磷酸盐缓冲液(pH=6.0)。

甲液:1/15 mol/L 磷酸氢二钠溶液(即磷酸氢二钠 9.465 g,加蒸馏水至 1 000 mL);

乙液:1/15 mol/L 磷酸二氢钾溶液(即磷酸二氢钾 81.63 g,加蒸馏水至 9 000 mL)。

将甲液、乙液按 1∶9 的比例混合,即可得所需 pH 值的缓冲液。

③氨基酸标准溶液(以 pH=6.0 磷酸盐缓冲溶液为溶剂)。

质量分数为 1% 的丙氨酸标准溶液:称取丙氨酸 1 g,溶于 99 g 磷酸盐缓冲溶液(pH=6.0)中。

质量分数为 1% 的谷氨酸标准溶液:称取谷氨酸 1 g,溶于 99 g 磷酸盐缓冲溶液(pH=6.0)中。

质量分数为 1% 的赖氨酸标准溶液:称取赖氨酸 1 g,溶于 99 g 磷酸盐缓冲溶液(pH=6.0)中。

④氨基酸混合溶液。吸取上述氨基酸标准溶液各 10 mL 于烧杯中,混匀,即为氨基酸混合溶液。

⑤显色液。质量分数为 0.5% 的茚三酮丙酮溶液:称取茚三酮 2.0 g,溶于 398 g 丙酮溶液。

氨基酸纸电泳

4)操作步骤

(1)仪器及样品的准备

将电泳槽洗净晾干,放平。然后量取 700~800 mL 缓冲液倒入电泳槽,使两端液面达到平衡(电泳槽红线处)。

（2）滤纸的剪裁

用刀片将滤纸裁成长 21.5 cm、宽 13.8 cm 的滤纸条。注意纸边不能有缺刻或起毛,用铅笔作上正负记号和学号,便于拿取。

（3）点样

采用干法点样,即在滤纸条的中间位置横着画一直线,在直线上每隔 2~3 cm 作一记号"×",注意要距两端 2 cm 以上。

用毛细管分别吸取丙氨酸、谷氨酸、赖氨酸标准溶液各 3 μL 及氨基酸混合溶液 10 μL,小心点于滤纸条上,点样直径不能大于 0.5 cm,每点一次用吹风机吹干,再点第二次,再吹干,直到点完。

（4）电泳

将滤纸条放入电泳槽中,标有正号的一端放在正极槽内,标有负号的一端放在负极槽内。将滤纸条两端都浸入缓冲液中,并把滤纸条拉紧,使其成为平面,避免中间下垂。

小心地用毛细管将滤纸条两端润湿,有样品处空出,让缓冲液经扩散自行湿润。应避免电泳时滤纸条一端过于湿润而另一端较为干燥,否则会因为溶剂扩展而使氨基酸样品发生偏移。

而后盖上玻璃盖,检查好线路,然后打开电源开关,调整电压到 250 V 左右。

【注意】同一电泳槽中的 2 张滤纸条尽量同时润湿。

（5）烘干

通电 0.5 小时后,关闭电源。将滤纸条取出,平放在烘箱的干燥架上,于 105 ℃ 烘干 15 分钟,或平放滤纸,用电炉烘干(注意不要烤焦)。

（6）染色

将可能移动的部位喷洒显色液,不需要整个滤纸条都喷洒显色液。

（7）烘干

将喷洒好显色液的滤纸条取出,平放在烘箱的干燥架上,于 105 ℃ 烘干,或平放滤纸,用电炉烘干(注意不要烤焦)至出现斑点。

（8）绘图

绘出结果图,并进行分析。

实验 4　酶的催化特性实验

1）实验目的

加深对酶的催化特性的认识,掌握酶的专一性及温度、pH 值等对酶活性的影响。

2）实验原理

酶具有高度的专一性。酶的活性受温度、pH 值的影响,如唾液淀粉酶的最适 pH 值为

酶的专一性

6.8。偏离最适温度或最适 pH 值时,酶的活性减弱。

班氏试剂可用于检查糖的还原性,其原理是:碱性铜离子与还原糖发生氧化反应,产生橘黄色(或砖红色)的氧化亚铜沉淀。

淀粉遇碘呈蓝色,而淀粉被唾液淀粉酶水解后,其水解产物遇碘可呈蓝色、紫色、暗褐色或红色,最小的糊精和麦芽糖遇碘不呈色(显碘试剂颜色)。

3)试剂和器材

①质量分数为 2% 的蔗糖溶液:称取蔗糖 2 g,溶于 98 g 蒸馏水中,搅匀。

②质量分数为 0.3% 的氯化钠溶液:称取氯化钠 3 g,溶于 997 g 蒸馏水中,搅匀。

③质量分数为 1% 的淀粉溶液:称取可溶性淀粉 10 g,用少量质量分数为 0.3% 的氯化钠溶液调成糊状,再用质量分数为 0.3% 的氯化钠溶液稀释至 1 000 g,煮沸 2 分钟以上,至溶液澄清透明(确保淀粉充分糊化)。

④稀释唾液。每组取 1 个洗净、擦干的烧杯,称量烧杯质量;再收集新鲜唾液;称量烧杯和新鲜唾液的质量,其差值即为新鲜唾液质量(2 g 左右);按照新鲜唾液质量乘以 50,称取蒸馏水,加入新鲜唾液中,搅匀,即为稀释 50 倍的稀释唾液。

⑤煮沸过的稀释唾液。每组取 1 个烧杯,称取 30 g 稀释唾液,加热煮沸,冷却,即为煮沸过的稀释唾液。

⑥班氏试剂(也称本尼迪克特试剂):称取无水硫酸铜 1.74 g 溶于 100 mL 热水中,冷却后稀释至 150 mL;称取柠檬酸钠 173 g、无水碳酸钠 100 g 和 600 mL 水共热,溶解后冷却并加水至 850 mL,最后注入冷却的 150 mL 硫酸铜溶液。本试剂为天蓝色,澄清透明,可长期保存。

⑦碘试剂:称取碘化钾 10 g、碘 5 g 溶于 500 mL 水中。

⑧0.2 mol/L 磷酸氢二钠溶液:称取 28.40 g 无水磷酸氢二钠(或 71.64 g 十二水磷酸氢二钠),加蒸馏水至 1 000 mL。

⑨0.1 mol/L 柠檬酸溶液:称取 21.01 g 一水柠檬酸,加蒸馏水至 1 000 mL。

⑩4 种缓冲溶液。

pH 5.0 缓冲溶液:吸取 0.2 mol/L 磷酸氢二钠溶液 257.5 mL 和 0.1 mol/L 柠檬酸溶液 242.5 mL,混匀,即为 500 mL、pH 5.0 的缓冲溶液。

pH 5.8 缓冲溶液:吸取 0.2 mol/L 磷酸氢二钠溶液 302.5 mL 和 0.1 mol/L 柠檬酸溶液 197.5 mL,混匀,即为 500 mL、pH 5.8 的缓冲溶液。

pH 6.8 缓冲溶液:吸取 0.2 mol/L 磷酸氢二钠溶液 386 mL 和 0.1 mol/L 柠檬酸溶液 114 mL,混匀,即为 500 mL、pH 6.8 的缓冲溶液。

pH 8.0 缓冲溶液:吸取 0.2 mol/L 磷酸氢二钠溶液 486 mL 和 0.1 mol/L 柠檬酸溶液 14 mL,混匀,即为 500 mL、pH 8.0 的缓冲溶液。

⑪恒温水浴、试管、试管架、吸管、滴管、白瓷板、洗耳球等。

4)操作步骤

(1)酶的专一性

淀粉酶专一性实验见附表 2.4。

附表 2.4　淀粉酶专一性实验

试管号	1	2	3	4	5
1%淀粉溶液/滴	4	—	4	—	4
2%蔗糖溶液/滴	—	4	—	4	—
稀释唾液/mL	—	—	1	1	—
煮沸过的稀释唾液/mL	—	—	—	—	1
蒸馏水/mL	1	1	—	—	—
37 ℃恒温水浴 15 分钟(5 支试管同时水浴)					
班氏试剂/mL	1	1	1	1	1
沸水浴 2~3 分钟(保持水浴沸腾状态)					
现象					

将 1—5 号试管放入 37 ℃恒温水浴 15 分钟,再加入班氏试剂,摇匀,最后将 1—5 号试管放入沸水浴 2~3 分钟,观察哪支试管出现砖红色沉淀。

【思考】有同学的 5 号试管也出现少量砖红色沉淀,分析其可能的原因。

(2)温度对酶活力的影响

取 3 支试管,先按附表 2.5 加入淀粉溶液;再将 1 号、3 号试管放入 37 ℃水浴中,2 号试管放入冰水浴中;保温 2 分钟后,再加入稀释唾液或煮沸过的稀释唾液,并快速摇匀。其间 3 支试管要保持在相应水浴中。

温度对酶活力的影响

附表 2.5　温度对酶活力影响的实验

试管号	1	2	2*	3
1%淀粉溶液/mL	1.5	1.5	0.75	1.5
稀释唾液/mL	1	1	0.5	—
煮沸过的稀释唾液/mL	—	—	—	1
颜色				

在 1 个白瓷板孔中滴入 1 滴水、1 滴碘试剂,作为参照。

从 1 号试管中每 2 分钟取 1 滴溶液(滴管中的剩余溶液挤回 1 号试管中)至白瓷板孔中,再加 1 滴碘试剂(可用洗耳球吹气混匀),检验淀粉的水解程度,直至显出橘黄色(和碘试剂参照的颜色相似)。

再将 3 支试管同时取出,其中将 2 号试管内液体分出一半,倒入另 1 支 2* 号试管,将 2* 号试管(不加碘试剂)放入 37 ℃水浴中保温。

在1、2、3号试管中,各快速加2滴碘试剂,摇匀。

将2*号试管在37℃水浴中保温10分钟后,再用2滴碘试剂,摇匀。

最后将1、2、2*、3号试管,拍照,记录结果。

pH值对酶活力的影响

(3)pH值对酶活力的影响

按附表2.6吸取0.2 mol/L磷酸氢二钠溶液和0.1 mol/L柠檬酸溶液以制备pH值为5.0~8.0的4种缓冲液(实验老师可直接配好这4种缓冲液)。

附表2.6　pH值对酶活力影响的实验

试管号	0.2 mol/L 磷酸氢二钠溶液/mL	0.1 mol/L 柠檬酸溶液/mL	pH 值
1	5.15	4.85	5.0
2	6.05	3.95	5.8
3	7.72	2.28	6.8
4	9.72	0.28	8.0

各取缓冲液3 mL,分别注入4支编好号的试管中,随后于每支试管中添加1%淀粉溶液2 mL,摇匀,并置于37℃恒温水浴中保温2分钟,再快速在4支试管中添加稀释唾液2 mL,摇匀,并置于37℃恒温水浴中保温。

pH值对酶活力影响实验(50倍和100倍稀释唾液对比)

在1个白瓷板孔中滴入1滴水、1滴碘试剂,用洗耳球吹气混匀,作为参照。

每1分钟从3号试管取出1滴溶液(滴管中的剩余溶液挤回3号试管中),置于白瓷板的孔中,加1滴碘试剂,再用洗耳球吹气混匀。

待3号试管中溶液水解完(和碘试剂参照的颜色相似)时,快速将4支试管取出并各滴加3滴碘试剂,摇匀,拍照,记录各管颜色变化。

【思考】为什么是从3号试管中取样进行淀粉水解程度检测?

实验5　食品色素的提取及性质实验

1)实验目的

掌握叶绿素提取方法及稳定性、pH值对花青素的影响,理解酶促褐变抑制的原理。

2)实验原理

叶绿素能溶于乙醇、乙醚、丙酮等有机溶剂,可用有机溶剂来提取叶绿素。

叶绿素中的镁离子可被氢离子取代而生成脱镁叶绿素,呈褐色,加热可使反应加速。

叶绿素在稀碱液中可水解为叶绿酸盐(鲜绿色)、叶绿醇和甲醇,保持绿色。

叶绿素可发生铜代叶绿素反应,就是叶绿素中的镁离子可被氢离子置换,形成褐色的脱镁叶绿素,而脱镁叶绿素中的氢离子再被铜离子取代,形成铜代叶绿素,颜色比原来的叶绿素更鲜艳稳定。

紫薯(或黑米)中含有花青素,花青素溶于水,呈紫色。花青素在酸性溶液中呈玫红色,而在碱性溶液中呈蓝绿色。

3)试剂和器材

①水浴锅、三角瓶、漏斗、研钵、试管、烧杯、滤纸、榨汁机、手工去皮刀等。

②无水乙醇。

③0.1 mol/L 盐酸溶液:量取 9 mL 浓盐酸,用蒸馏水缓慢稀释至 1 000 mL。

④0.1 mol/L 氢氧化钠溶液:称取氢氧化钠 2 g,加水至 500 mL。

⑤质量分数为 1% 的硫酸铜溶液。

⑥质量分数为 0.2% 的亚硫酸氢钠溶液。

⑦青菜(菠菜或甘薯叶等)、紫薯(每班 500 g)、马铃薯(每班 10 个)。

4)操作步骤

(1)叶绿素提取实验

①将新鲜青菜洗净,擦干表面水分,备用。

②称取青菜叶子 10 g,放入研钵中,剪碎或用手撕碎,加 25 mL 无水乙醇。研磨成匀浆,过滤。过滤时,滤液用 1 支试管收集,而滤渣留在研钵内。

叶绿素提取

【注意】过滤所用的滤纸不要用水润湿。

③滤渣再各用 25 mL 乙醇分两次研磨提取,过滤,另外用两支试管分别收集。记录三支试管的叶绿素提取液、滤渣的颜色。

④用小烧杯收集 3 支试管的叶绿素提取液,混匀。

(2)叶绿素稳定性实验

①pH 值对叶绿素的影响。

a.各取 5 mL 叶绿素提取液,注入 1 号、1* 号试管,在 1 号试管中每次滴加 2 滴 0.1 mol/L 盐酸溶液并摇匀,在 1* 号试管中每次滴加 1 滴 0.1 mol/L 盐酸溶液并摇匀,观察颜色变化,并记录 1 号试管开始变褐色时的滴数,同时确保 1* 号试管的叶绿素提取液不变褐色。

b.取 5 mL 叶绿素提取液,注入 2 号试管,逐滴滴加 0.1 mol/L 氢氧化钠溶液并摇匀,观察颜色变化与上述 1 号试管的盐酸滴数一样。

pH对叶绿素的影响

热对叶绿素的影响

②热对叶绿素的影响。

a.分别取 5 mL 叶绿素提取液,注入 2 支试管中,编为 1 号试管、2 号试管,其中 2 号试管加入实验①中 0.1 mol/L 盐酸溶液后变色时所加滴数的一半,使该管仍保持绿色。

b.将 1 号试管、2 号试管置于沸水中加热,观察颜色变化。

c.在 2 号试管变褐色后,再逐滴加入 0.1 mol/L 氢氧化钠溶液,观察是否会使原来的褐色变为绿色。

【思考】对比"pH 值对叶绿素的影响"实验(只加酸不加热)和"热对叶绿素的影响"实验(又加酸又加热),这两个实验说明了什么?

叶绿素的替代反应

③叶绿素的替代反应。

a.取叶绿素提取液 3 mL 于试管中,然后逐滴滴加 0.1 mol/L 盐酸溶液,直至溶液变为褐色,此时叶绿素分子被破坏,形成脱镁叶绿素。

b.接着向试管中加入质量分数为 1% 的硫酸铜溶液 2 滴,放入沸水浴加热 2 分钟,冷却后加入 3 mL 无水乙醇,观察颜色变化。

花青素显色实验

(3)花青素显色实验

取 200 g 去皮的紫薯块,加 800 g 蒸馏水,用榨汁机充分捣碎,用双层纱布挤压过滤,制成紫薯汁。各取 5 mL 紫薯汁分别加入 3 支试管中,其中:

①1 号试管逐滴滴加 0.1 mol/L 盐酸溶液(10 滴),摇匀,观察颜色变化。之后,用 0.1 mol/L 氢氧化钠溶液逐滴反滴,摇匀,观察颜色能否变回与空白样品相似的颜色。

②2 号试管逐滴滴加 0.1 mol/L 氢氧化钠溶液(10 滴),摇匀,观察颜色变化。之后,用 0.1 mol/L 盐酸溶液逐滴反滴,摇匀,观察颜色能否变回与空白样品相似的颜色。

③3 号试管作为空白对照。

(4)酶促褐变实验

将新鲜马铃薯用清水洗去表面的污物,擦干水。用手工去皮刀(应为不锈钢刀具,且擦干水分)去皮,尽量减少马铃薯表面的水。

酶促褐变反应

【思考】为什么要严格控制马铃薯和刀具表面的水分?

将去皮后的马铃薯进行切片,得到 0.5 cm 厚度的马铃薯片。

取 3 份马铃薯片,其中:

A 样品:放入质量分数为 0.2% 的亚硫酸氢钠溶液中浸没 5 分钟,捞出,放置在擦干水的培养皿中。

B 样品:提前准备好沸水浴,将土豆片在沸水中漂烫 1 分钟后捞起,立即用自来水冷却,放置在擦干水的培养皿中。

C 样品:做空白对照(表面不应有水)。

分别在 0 分钟、20 分钟、40 分钟时记录 3 份样品的色泽变化(有无褐变发生及褐变程度)。

【思考】作为自助餐厅工作人员,可采取哪些措施延缓去皮果蔬发生酶促褐变?

附录3 项目测试题

项目2 糖类

一、选择题

1.下列物质中,既能与斐林试剂发生反应,又能发生水解反应的是(　　　)。

    A.果糖　 B.蔗糖　 C.乳糖　 D.葡萄糖

2.(　　　)测定是糖类定量的基础。

    A.还原糖　 B.非还原糖　 C.葡萄糖　 D.淀粉

3.当糊精的聚合度 $n<6$ 时,与碘反应呈(　　　)。

    A.蓝色　 B.无色　 C.紫红色　 D.绿色

4.淀粉和纤维素分子中都有一个还原端,所以它们都有还原性。(　　　)

    A.对　 B.错

5.硬糖要保存在干燥的空气中是因为它具有(　　　)。

    A.吸湿性　 B.保湿性　 C.还原性　 D.抗氧化性

6.直链淀粉的构象是(　　　)。

    A.螺旋状　 B.带状　 C.环状　 D.折叠状

7.在白砂糖测定中,有还原糖项目。一般而言,还原糖含量越低越好。(　　　)

    A.对　 B.错

8.一般方便面中淀粉包括(　　　)。

    A.α-淀粉　 B.β-淀粉　 C.α-淀粉和 β-淀粉

9.下列化合物是糖单位以 α-1,4 糖苷键相连的是(　　　)。

    A.麦芽糖　 B.蔗糖　 C.乳糖　 D.纤维素

10.牛乳中的主要糖类是(　　　)。

    A.乳糖　 B.葡萄糖　 C.麦芽糖　 D.蔗糖

11.(　　　)的主要成分不是蔗糖。

    A.白砂糖　 B.冰糖　 C.绵白糖　 D.麦芽糖

12.葡萄糖、果糖都可以与斐林试剂反应,出现砖红色沉淀。(　　　)

    A.对　 B.错

13.当糊精的聚合度 $n>60$ 时,与碘反应呈(　　　)。

    A.蓝色　 B.无色　 C.紫红色　 D.绿色

14.淀粉的测定,一般加稀酸水解成葡萄糖,用斐林试剂还原糖法测定糖,再乘以(　　　)。

    A.0.8　 B.0.98　 C.0.95　 D.0.90

15.Molisch's test 是(　　)。

　　A.水解反应　　　　　B.脱水反应　　　　　C.成酯反应　　　　　D.异构化反应

16.能被下列试剂氧化的糖为还原糖,则该试剂为(　　)。

　　A.溴水　　　　　　B.斐林试剂　　　　　C.硝酸　　　　　　D.高锰酸钾

17.利用淀粉生产葡萄糖宜采用的酶组合是(　　)。

　　A.α-淀粉酶和葡萄糖淀粉酶　　　　　B.β-淀粉酶和纤维酶

　　C.α-淀粉酶和β-淀粉酶　　　　　　D.α-淀粉酶和纤维酶

18.一次摄入大量苦杏仁易引起中毒,是由于苦杏仁苷在体内彻底水解产生(　　)导致中毒。

　　A.葡萄糖　　　　　B.氢氰酸　　　　　C.苯甲醛　　　　　D.硫氰酸

19.糖醇的甜度除(　　)的甜度和蔗糖相近外,其他糖醇的甜度均比蔗糖低。

　　A.木糖醇　　　　　B.甘露醇　　　　　C.山梨醇　　　　　D.乳糖醇

20.α-淀粉酶能水解淀粉、糖原和环状糊精分子内的(　　)。

　　A.α-1,6-糖苷键　　　　　　　　B.α-1,4-糖苷键

　　C.β-1,6-糖苷键　　　　　　　　D.β-1,4-糖苷键

21.水溶性多糖常用于食品中作为稳定剂、增稠剂和胶凝剂。(　　)

　　A.对　　　　　　B.错

22.麦芽糖是由葡萄糖与果糖构成的双糖。(　　)

　　A.对　　　　　　B.错

23.α-淀粉酶和 β-淀粉酶的区别在于 α-淀粉酶水解 α-1,4 糖苷键,β-淀粉酶水解 β-1,4 糖苷键。(　　)

　　A.对　　　　　　B.错

24.碳水化合物的吸湿性指在较高空气湿度条件下吸收水分的能力,保湿性指在较低空气湿度下保持水分的能力。(　　)

　　A.对　　　　　　B.错

25.根据官能团的特点,果糖属于(　　)。

　　A.醛糖　　　　　B.酮糖　　　　　C.糖醇

26.和支链淀粉相比,直链淀粉更易糊化。(　　)

　　A.对　　　　　　B.错

27.淀粉糊化的本质就是淀粉微观结构(　　)。

　　A.从结晶转变成非结晶　　　　　B.从非结晶转变成结晶

　　C.从有序转变成无序　　　　　　D.从无序转变成有序

28.葡萄糖值(DE 值)表示(　　)。

　　A.淀粉的水解程度　　　　　　　B.淀粉的糊化程度

　　C.淀粉的老化程度　　　　　　　D.淀粉的温度

29.下列双糖中不属于还原糖的是(　　　)。

    A.麦芽糖   B.纤维二糖   C.乳糖   D.蔗糖

30.转化糖是还原糖。(　　　)

    A.对   B.错

二、简答题

1.柿饼表面往往有白色粉霜,称为柿霜。这是什么原因造成的呢?

2.什么是干红葡萄酒?

3.淀粉溶液与碘试剂反应呈蓝色,将该溶液加热时,溶液呈淡黄色,冷却后又呈现蓝色,为什么?

4.夏天采集的蜂蜜,未及时处理,易发生发酵变质,而浓缩后不易发酵变质,为什么?

5.在冬天,超市销售的蜂蜜有的会出现浑浊或沉淀现象,而等到温度回升时浑浊或沉淀又会消失。试分析其原因。

项目3　蛋白质

一、选择题

1.若用重金属沉淀 pI 为 8 的蛋白质时,该溶液的 pH 值应(　　　)。

    A.等于 8   B.大于 8   C.小于 8   D.大于等于 8

2.下列物质既能与酸反应,又能与碱反应的是(　　　)。

    A.氨基酸   B.蔗糖   C.乙酸   D.乙醇

3.食品中氨基酸的定性检验可采用下面的(　　　)试剂。

    A.甲醛   B.水合茚三酮   C.NH_4OH D.NaOH

4.下列氨基酸中,属于碱性氨基酸的是(　　　)。

    A.赖氨酸   B.天门冬氨酸   C.甘氨酸   D.丝氨酸

5.杀菌剂福尔马林是(　　　)的水溶液。

    A.乙醇   B.乙醚   C.甲醛   D.甲醇

6.关于蛋白酶的叙述,不正确的是(　　　)。

    A.蛋白酶是蛋白质   B.蛋白酶可以作为药品治疗某些疾病

    C.蛋白酶可以水解所有的肽键   D.蛋白酶可以水解脂肪酶

7.瘦肉中含量最多的组成成分是(　　　)。

    A.蛋白质   B.脂类   C.水   D.糖类

8.在蛋白质-水分散体系中加入少量的食盐,则一个结果将是(　　　)。

    A.降低蛋白质溶解度   B.增加蛋白质溶解度

    C.蛋白质胶凝   D.无变化

9.有一混合的蛋白质溶液,各种蛋白质的 pI 为 4.6、5.0、5.3、6.7、7.3,电泳时欲使其中 4 种泳向正极,缓冲液的 pH 值应该是(　　　)。

    A.4.0   B.4.5   C.7.0   D.8.0

10.有一蛋白质水溶液 pH 值是 5,则它的等电点 pI(　　　　)。

    A.小于 5　　　　　B.大于 5　　　　　C.等于 5　　　　　D.无法确定

11.氨基酸在等电点时,具有(　　　　)的特点。

    A.不带正电荷　　　　　　　　　　B.不带负电荷

    C.在电场中不迁移　　　　　　　　D.溶解度最大

12.蛋白质一级结构的主键是(　　　　)。

    A.氢键　　　　　B.疏水键　　　　　C.肽键　　　　　D.二硫键

13.鸡蛋煮熟后,蛋白质变性失活,这是由于高温破坏了蛋白质的(　　　　)。

    A.肽键　　　　　B.肽链　　　　　C.空间结构　　　　　D.氨基酸

14.测得某一蛋白质样品的氮含量为 0.40 g,此样品约含蛋白质(　　　　)。

    A.2.00 g　　　　　B.2.50 g　　　　　C.6.25 g　　　　　D.3.00 g

15.蛋白质溶液稳定的主要原因是蛋白质分子发生(　　　　)。

    A.变性作用　　　　　B.胶凝作用　　　　　C.水化作用　　　　　D.沉淀作用

16.在蛋白质分子中,氨基酸之间结合的主要化学键是(　　　　)。

    A.氢键　　　　　B.糖苷键　　　　　C.二硫键　　　　　D.肽键

17.下列物质沉淀蛋白质时,不易引起变性的试剂是(　　　　)。

    A.三氯乙酸　　　　　B.苦味酸　　　　　C.乙醇　　　　　D.氯化钠

18.茚三酮与除脯氨酸外的 α-氨基酸反应生成的产物颜色是(　　　　)。

    A.黄色　　　　　B.蓝紫色　　　　　C.红色　　　　　D.无色

19.大豆多肽是以下(　　　　)成分的水解产物。

    A.碳水化合物　　　　　B.多糖　　　　　C.脂肪　　　　　D.蛋白质

20.蛋白质水解产物在 pH 值为 6 用阳离子交换剂层析时,第一个被洗脱下来的氨基酸是(　　　　)。

    A.缬氨酸(pI 为 5.96)　　　　　　B.精氨酸(pI 为 10.76)

    C.赖氨酸(pI 为 9.74)　　　　　　D.天冬氨酸(pI 为 2.77)

21.蛋白质溶液稳定的主要因素是蛋白质分子表面形成水化膜,并在偏离等电点时带有同种电荷的排斥作用。(　　　　)

    A.对　　　　　B.错

22.当用标准碱溶液滴定氨基酸时(酚酞为指示剂),常在氨基酸中加入(　　　　)。

    A.乙醇　　　　　B.甲醛　　　　　C.甲醇　　　　　D.丙酮

23.氨基酸分子中一定含有(　　　　)。

    A.氨基、羟基　　　　　B.羰基、羧基　　　　　C.氨基、醛基　　　　　D.氨基、羧基

24.盐析法易导致蛋白质变性。(　　　　)

    A.对　　　　　B.错

25.区分酸性氨基酸和碱性氨基酸的依据是(　　　　)。

    A.所含的羧基和氨基的极性　　　　B.所含氨基和羧基的数目

    C.脂肪族氨基酸　　　　　　　　　D.所含的 R 基团为氨基或羧基

26.通过测定蛋白质中的(　　)元素,可以对蛋白质进行定量分析。

  A.氢   B.氧   C.氮   D.硫

27.为获得不变性的蛋白质,常用的方法有(　　)。

  A.用三氯醋酸沉淀   B.用苦味酸沉淀

  C.用重金属盐沉淀   D.低温盐析

28.蛋白质与氨基酸相似的理化性质是(　　)。

  A.两性电离   B.高分子量   C.胶体性   D.凝固

29.(　　)不是 α-氨基酸。

  A.脯氨酸   B.谷氨酸   C.丙氨酸   D.赖氨酸

30.下列不是蛋白质性质的是(　　)。

  A.处于等电状态时溶解度最小   B.加入少量中性盐溶解度增加

  C.变性蛋白质的溶解度增加   D.有紫外吸收特性

31.蛋白质中不会含有金属元素。(　　)

  A.对   B.错

32.对面团产生影响的两种主要蛋白质是(　　)。

  A.麦清蛋白和麦谷蛋白   B.麦清蛋白和麦球蛋白

  C.麦谷蛋白和麦醇溶蛋白   D.麦球蛋白和麦醇溶蛋白

33.谷类蛋白质中的限制氨基酸是(　　)。

  A.精氨酸   B.赖氨酸   C.酪氨酸   D.色氨酸

34.在 pH 值(　　)时,蛋白质显示最低的水合作用。

  A.等于 pI   B.大于 pI   C.小于 pI   D.为 9~10

35.中性氨基酸的 pI = 7。(　　)

  A.对   B.错

36.蛋白质持水性与所带净电荷多少直接相关。(　　)

  A.对   B.错

二、简答题

1.在 pH 值为 8 的电场中,下列蛋白质带电情况如何? 它们在直流电场中将向什么方向移动(电泳)?

①胃蛋白酶(pI = 1.0);②核糖核酸酶(pI = 9.5)。

2.为什么用凯氏定氮法所测定的为粗蛋白质含量?

3.如何计算三聚氰胺的含氮量? 为何不法分子会在乳品中加入三聚氰胺?

4.为什么多数食品须加热后才能食用?

5.热处理对蛋白质产生了哪些有利和不利的影响?

三聚氰胺

项目4　脂类

一、选择题

1.脂肪的碱水解称为(　　　)。

    A.酯化　　　　　　　B.水解　　　　　　　C.皂化　　　　　　　D.氧化

2.卵磷脂含有的成分为(　　　)。

    A.脂肪酸、甘油、磷酸、乙醇胺　　　　　　B.脂肪酸、磷酸、胆碱、甘油

    C.磷酸、脂肪酸、丝氨酸、甘油　　　　　　D.脂肪酸、磷酸、胆碱

3.植物油精炼中,脱酸的目的在于除去毛油中的(　　　)。

    A.甘油　　　　　　　B.游离脂肪酸　　　　C.甘油三酯　　　　　D.磷酸

4.下列物质是十八碳三烯酸的是(　　　)。

    A.油酸　　　　　　　B.亚麻酸　　　　　　C.硬脂酸　　　　　　D.亚油酸

5.乳状液中的"W/O"是指(　　　)。

    A.水包油型　　　　　B.油包水型　　　　　C.水油相等型　　　　D.任一型

6.下列属油包水型的乳状液是(　　　)。

    A.果汁　　　　　　　B.黄油　　　　　　　C.牛奶　　　　　　　D.豆浆

7.饱和脂肪酸与不饱和脂肪酸的区别在于(　　　)。

    A.碳链长度　　　　　B.是否含碳碳双键　　C.双键的数量　　　　D.双键的位置

8.组成油脂的脂肪酸不饱和程度越高,油脂的碘价越大。(　　　)

    A.对　　　　　　　　B.错

9.能够反映油脂不饱和程度的指标是(　　　)。

    A.酸价　　　　　　　B.碘价　　　　　　　C.过氧化价　　　　　D.皂化价

10.脂肪在(　　　)溶液中的水解称为皂化作用。

    A.酸性　　　　　　　B.中性　　　　　　　C.碱性　　　　　　　D.任何

11.食品工业上利用植物油制造人造奶油的方法是将液态油经过(　　　)。

    A.脱氢　　　　　　　B.加碘　　　　　　　C.氢化　　　　　　　D.氧化

12.脱臭一般是利用水蒸气蒸馏原理在真空条件下进行,脱臭处理时(　　　)不能被排除。

    A.甘油三酯　　　　　B.脂肪酸　　　　　　C.硫化氢　　　　　　D.乙醛

13.采用活性白土、活性炭等吸附剂处理毛油,主要可除去的杂质是(　　　)。

    A.色素　　　　　　　B.水分　　　　　　　C.蜡质　　　　　　　D.游离脂肪酸

14.用 O/W 表示的乳状液,是(　　　)。

    A.水包水型　　　　　B.油包油型　　　　　C.油包油型　　　　　D.水包油型

15.植物油中的游离脂肪酸用(　　　)标准溶液滴定,每克植物油消耗的毫克数称为酸价。

    A.氢氧化钾　　　　　B.氢氧化钠　　　　　C.盐酸　　　　　　　D.硫酸亚铁铵

16.酸价的测定是利用油脂中游离脂肪酸与氢氧化钾发生的(　　　)来进行测定的。

    A.氧化-还原反应　　B.复分解反应　　　　C.歧化反应　　　　　　D.中和反应

17.多发生于含低级脂肪酸较多的油脂中的酸败为(　　　)。

    A.自动氧化　　　　　B.β-型氧化酸败　　　C.水解型酸败

18.油酸含有2个碳碳双键。(　　　)

    A.对　　　　　　　　B.错

19.油脂的化学特征值中,(　　　)的大小可直接说明油脂的新鲜度和质量好坏。

    A.皂化值　　　　　　B.酸值　　　　　　　C.碘值

20.我们所吃的食物中最主要的n-3(ω-3)脂肪酸是(　　　)。

    A.亚油酸　　　　　　B.亚麻油酸　　　　　C.软脂酸　　　　　　　D.花生四烯酸

21.脂肪酸是指天然脂肪水解得到的脂肪族(　　　)羧酸。

    A.一元　　　　　　　B.二元　　　　　　　C.三元　　　　　　　　D.多元

22.海产动物油脂中含大量(　　　)脂肪酸。

    A.长链饱和　　　　　B.短链饱和　　　　　C.长链多不饱和　　　　D.短链不饱和

23.我们所吃的食物中最主要的必需脂肪酸是(　　　)。

    A.亚油酸　　　　　　B.亚麻油酸　　　　　C.软脂酸　　　　　　　D.花生四烯酸

24.精炼后的油脂其烟点一般高于(　　　)。

    A.150 ℃　　　　　　B.180 ℃　　　　　　C.220 ℃　　　　　　　D.240 ℃

25.下列关于儿童常食用油炸淀粉类食品的叙述,错误的是(　　　)。

    A.热值过高易患肥胖症

    B.其中的反式脂肪酸对心血管健康非常有害

    C.油炸过程中产生的丙烯酰胺可能损害肝脏、肾脏等器官的健康

    D.油炸淀粉类食品容易老化

26.不可食用冷榨棉籽油或毛棉籽油,是因为棉籽中含有毒游离棉酚。(　　　)

    A.刘　　　　　　　　B.错

27.HLB = 3 的乳化剂适用于水包油的体系中。(　　　)

    A.对　　　　　　　　B.错

28.毛油的精炼工艺为除杂、脱酸、脱色、脱胶和脱臭。(　　　)

    A.对　　　　　　　　B.错

29.HLB 值越小,乳化剂的亲油性越弱;HLB 值越大,亲水性越强。(　　　)

    A.对　　　　　　　　B.错

30.油脂发生自动氧化后由于双键被饱和,而导致了碘值的增加。(　　　)

    A.对　　　　　　　　B.错

31.高浓度的酚类和低浓度的酚类都能防止油脂氧化的作用。(　　　)

    A.对　　　　　　　　B.错

32.测定淀粉时,样品置于滤纸中,用(　　　)洗去脂肪。

    A.乙醛　　　　　　　B.乙醚　　　　　　　C.乙醇　　　　　　　　D.乙酸

二、简答题

1.油酸化学名为:顺-Δ^9-十八碳烯酸。计算油酸的分子量。

2.在实验室,如何清洗黏附油脂的试管或烧杯? 请简述其原理。

3.超市中销售的橙、桔外表比较光亮,这是因为橙、桔进行了打蜡处理。对水果打蜡处理,有什么作用?

4.在冬天低温下,超市销售的花生油往往会出现絮凝物质,而温度升高时絮凝物又消失了,这是否是花生油变质了? 试分析其原因。

5.写出脂肪酸 $CH_3CH_2CH=CHCH_2CH=CHCH_2CH=CH(CH_2)_7COOH$ 的速记符号(例如 18:3ω6)和名称。

6.牛奶中的脂肪含量约为3%,为什么牛奶中的脂肪可以稳定地分散在水中?

7.豆奶在贮藏过程中,表面为什么会出现一层油圈?

8.有的检测人员采用气质联用仪检测食用植物油中是否含有辣椒碱,进而判断该食用植物油是否是地沟油。你认为该做法是否可行?

项目5 水

一、选择题

1.A_w 值在( )时,被称为多分子层结合水区段。

A.0~0.25 　　　B.0.25~0.8 　　　C.0.8~0.99 　　　D.大于1

2.大豆中含量最高的化学成分是( )。

A.蛋白质 　　　B.水分 　　　C.碳水化合物 　　　D.脂类

3.刚收获的新鲜玉米种子在阳光下晒干,重量减轻,这个过程损失的主要是( ),这样的种子在条件适宜时,仍能萌发成幼苗。

A.结合水 　　　B.自由水

4.食品干制过程中,干制能降低食品水分活度,并能将食品中微生物全部杀死,使其不能生长繁殖。( )

A.对 　　　B.错

5.当脱水食品的水分含量增加至足以使微生物生长时,则其中首先生长起来的微生物最可能是( )。

A.霉菌 　　　B.酵母菌 　　　C.细菌

6.某食品的水分活度为0.79,将此食品放于相对湿度为91%的环境中,食品的质量会( )。

A.减小 　　　B.不变 　　　C.增大 　　　D.都不对

7.一般来说通过提高 A_w,可增加食品稳定性。( )

A.对 　　　B.错

8.利用食品中的单分子层水的值可以准确预测干燥食品最大稳定性时的含水量。( )

A.对　　　　　　　　B.错

9.对食品稳定性起不稳定作用的水是吸湿等温线中的Ⅰ、Ⅱ。（　　　）

A.对　　　　　　　　B.错

二、简答题

1.猪肉在冻结解冻后往往会出现什么现象？其主要原因是什么？

2.在生活中,饼干、爆米花等各种脆性食品与水分活度的关系如何？如何保脆？

3.在北方生产的紫菜片,运到南方出现霉变,是什么原因？如何控制？

4.水果蜜饯为什么比新鲜水果容易贮藏？

5.为什么冷冻鱼肉解冻后再烹饪往往口感干硬？

6.将南方的鲜笋通过电商平台销售并快递到北方,若此时北方温度在零下十几度,需要考虑采取什么样的物流包装？

7.在实验室中,有一粉末物品在冰箱冷藏层保存,现在需要取出送到某地,但为了避免该粉末物品受潮(空气中水分在样品上凝结),应如何做？

8.家中的大米在潮湿环境贮存会出现什么问题？

项目6　矿物质与维生素

一、选择题

1.碘酸钾的分子式为（　　　）。

A.KI　　　　　B.KIO　　　　　C.KIO_3　　　　　D.KIO_4

2.具有促进胶原合成、使铁还原作用的维生素是（　　　）。

A.维生素A　　　B.维生素B　　　C.维生素C　　　D.维生素D

3.纯品血红素蛋白含铁0.426%（铁的分子量为56）,其最低分子量为（　　　）。

A.11 500　　　B.12 500　　　C.13 059　　　D.13 146

4.血液中有一种含铜的呈蓝色的蛋白质分子,其分子量约为151 000,已知该分子中铜的质量分数为0.34%,则平均每个铜蓝蛋白质分子中含铜原子个数为（　　　）。其中,铜的分子量为63.55。

A.8个　　　　　B.6个　　　　　C.4个　　　　　D.2个

5.为延缓月饼变质,可在其包装中,加入（　　　）。

A.葡萄糖酸-δ-内酯　B.生石灰　　　C.柠檬酸　　　D.脱氧剂

6.在旺旺雪饼中,可加入（　　　）,防止雪饼吸湿。

A.葡萄糖酸-δ-内酯　B.生石灰　　　C.柠檬酸　　　D.脱氧剂

7."二战"后日本出现的"痛痛病"就是长期食用含高浓度（　　　）的大米中毒所致。

A.铝　　　　　　B.铅　　　　　　C.镉　　　　　　D.砷

8.一些早餐店加工包子、油条中使用含有明矾的泡打粉,而明矾所含的（　　　）会损害人体神经系统,导致痴呆。

A.铝　　　　　　B.铅　　　　　　C.镉　　　　　　D.砷

9.下列抑制铁吸收的因素是( )。

    A.维生素 C   B.葡萄糖   C.植酸   D.氨基酸

10.既可以从食品中摄取,也可以由皮肤合成的维生素是( )。

    A.维生素 A   B.维生素 B_1 C.维生素 C   D.维生素 D

11.从营养学角度来看,豆芽的显著特点就是在豆类发芽的过程中产生了( )。

    A.维生素 D   B.维生素 B_1 C.维生素 B_2 D.维生素 C

12.人体血红蛋白中含有 Fe^{2+},如果误食亚硝酸盐,会使人中毒。服用维生素 C 可缓解亚硝酸盐的中毒,这说明维生素 C 具有( )。

    A.酸性   B.碱性   C.氧化性   D.还原性

13.加碘食盐中所加的是( )。

    A.单质碘   B.碘化钾   C.碘酸钾

14.下列关于元素与人体健康关系的叙述中,错误的是( )。

    A.缺铁会引起贫血   B.缺钙易患佝偻病或发生骨质疏松

    C.缺碘易患坏血病   D.缺锌会引起生长迟缓、发育不良

15.属于维生素物质的是( )。

    A.抗坏血酸   B.亚油酸   C.多肽   D.糊精

16.水溶性维生素为( )。

    A.维生素 A   B.维生素 K   C.维生素 D   D.维生素 B_1

17.缺乏维生素 A 将导致( )。

    A.坏血病   B.夜盲症   C.贫血   D.脚气病

18.维生素的化学本质是( )。

    A.无机化合物   B.小分子有机化合物

    C.多肽   D.碳水化合物

19.维生素 D 可由下列( )转变而来。

    A.β-胡萝卜素   B.7-脱氢胆固醇   C.胆汁酸   D.多肽

20.维生素 C 主要来源于( )。

    A.酵母   B.谷类   C.水产品   D.水果

21.与脚气病相关的维生素是维生素 B_1。( )

    A.对   B.错

22.B 族维生素中对亚硫酸钠非常敏感的维生素是( )。

    A.维生素 C   B.维生素 A   C.维生素 B_1 D.维生素 B_2

23.维生素 D 在( )中含量最高。

    A.蛋黄   B.牛奶   C.鱼肝油   D.奶油

24.面点食品制作中,发酵可以大大降低谷类中( )对矿物质的影响,提高人体对钙、铁、锌等的吸收。

    A.草酸   B.植酸   C.膳食纤维   D.蛋白质

二、简答题

1.现有一支 20 mL 某品牌的葡萄糖酸锌口服液,其中含锌 6.5 mg,则该口服液中葡萄糖酸锌的质量是多少?

2.包装是透明的好还是不透明的好?

3.深海鱼油和鱼肝油的主要功效成分有什么区别?

4.若将鸡蛋浸入白醋中,蛋壳表面会出现很多气泡,有的鸡蛋还会上浮。为什么会出现很多气泡? 为什么鸡蛋会出现上浮的现象?

项目 7　酶

选择题

1.甲、乙、丙 3 支分别装有 2 mL 可溶性淀粉溶液的试管中,依次分别加入 1 mL 淀粉酶制剂、麦芽糖酶制剂和新鲜唾液,摇匀后将试管放在适宜温度下,过一段时间后,在 3 支试管中各加入 1 滴碘液,摇匀后,试管中溶液变为蓝色的是(　　　　)。

    A.甲 　　　　　　　B.乙 　　　　　　　C.丙 　　　　　　　D.甲和丙

2.食团由口腔进入胃后,唾液淀粉酶不再起催化作用,其主要原因是(　　　　)。

    A.食团进入胃时,淀粉已全部分解成麦芽糖

    B.胃内温度与口腔温度不同

    C.胃液的 pH 值导致唾液淀粉酶失去活性

    D.唾液淀粉酶只在口腔中起作用

3.β-半乳糖苷酶能催化乳糖生成半乳糖和葡萄糖,但不能催化麦芽糖分解为葡萄糖。这表明,β-半乳糖苷酶的催化作用具有(　　　　)。

    A.高效性 　　　　　B.专一性 　　　　　C.稳定性 　　　　　D.多样性

4.酶原激活的生理意义是(　　　　)。

    A.加速代谢 　　　　B.恢复酶活性 　　　C.促进生长 　　　D.避免自身损伤

5.下列元素中,构成酶的特征性元素的是(　　　　)。

    A.碳元素 　　　　　B.氢元素 　　　　　C.氧元素 　　　　　D.氮元素

6.酶激活剂对所有的酶都能起激活作用。(　　　　)

    A.对 　　　　　　　B.错

7.酶促反应中决定酶专一性的部分是(　　　　)。

    A.酶蛋白 　　　　　B.底物 　　　　　　C.辅酶或辅基 　　　D.催化基团

8.下面对食品加工有益的酶作用是(　　　　)。

    A.水果由于多酚氧化酶发生褐变

    B.蔬菜擦伤后的酶作用

    C.脂肪氧合酶使豆类制品产生豆腥味

    D.牛乳中蛋白酶和脂肪酶的作用对奶酪的成熟和风味的形成

9.破损果蔬褐变主要由( )引起。

　　A.葡萄糖氧化酶　　　B.过氧化物酶　　　C.多酚氧化酶　　　D.脂肪氧化酶

10.果胶酶是分解果胶的一类酶的总称,它不包括( )。

　　A.聚半乳糖醛酸酶　B.果胶裂解酶　　　C.乳糖分解酶　　　D.果胶酯酶

11.在果汁加工中,果胶不仅会影响出汁率,还会使果汁浑浊,因此应加入果胶酶去除果胶,这表现出酶的( )。

　　A.多样性　　　　　　B.高效性　　　　　C.专一性　　　　　D.受温度影响

12.酶反应速度随着底物浓度的增加直线增加。( )

　　A.对　　　　　　　　B.错

13.果汁的澄清方法中不包括( )。

　　A.自然澄清法　　　　B.加酶澄清法　　　C.加明胶及单宁法　D.冷冻澄清法

14.在果酒制备过程,为了便于酒的压榨、澄清和过滤,提高酒的收率和成品酒的稳定性,使用的酶为( )。

　　A.植物蛋白酶　　　　B.果胶酶　　　　　C.脂酶　　　　　　D.淀粉酶

15.在啤酒工业中添加( )可以防止啤酒老化,保持啤酒风味,显著的延长保质期。

　　A.葡萄糖氧化酶　　　B.脂肪氧化酶　　　C.丁二醇脱氢酶　　D.脂肪氧合酶

16.酶之所以能加速化学反应是因为( )。

　　A.酶能使反应物活化　　　　　　　　B.酶能降低反应的活化能

　　C.酶能降低底物能量水平　　　　　　D.酶能向反应体系提供能量

17.在做面粉时,加入适量的( )能使面粉变白。

　　A.脂氧合酶　　　　　B.木瓜蛋白酶　　　C.细菌碱性蛋白酶　D.多酚氧化酶

18.人们常说大豆有毒,主要是由于大豆含有( )。

　　A.毒氨基酸及其衍生物　　　　　　　B.胰蛋白酶抑制剂和植物红细胞凝集素

　　C.淀粉酶抑制剂和皂苷　　　　　　　D.毒蛋白及有毒氨基酸

19.导致水果和蔬菜中色素变化有3个关键性的酶,但( )除外。

　　A.果胶酯酶　　　　　B.多酚氧化酶　　　C.叶绿素酶　　　　D.脂肪氧合酶

20.酶与一般催化剂相比所具有的特点是( )。

　　A.能加速化学反应速度　　　　　　　B.能缩短反应达到平衡所需的时间

　　C.具有高度的专一性　　　　　　　　D.反应前后质和量无改

21.植物蛋白酶在食品工业常用于肉的嫩化和啤酒的澄清。( )

　　A.对　　　　　　　　B.错

22.酶反应的专一性取决于辅助因子。( )

　　A.对　　　　　　　　B.错

23.啤酒的冷后混不用( )水解蛋白,防止啤酒浑浊,延长啤酒的货架期。

　　A.木瓜蛋白酶　　　　　　　　　　　B.菠萝蛋白酶

　　C.霉菌酸性蛋白酶　　　　　　　　　D.碱性蛋白酶

项目8 食品的色香味化学

一、选择题

1.糖在没有含氨基化合物的情况下,直接加热至150~200 ℃时,经过聚合、缩合会生成黏稠状的黑褐色产物,这种作用称为(   )。

    A.水解反应   B.焦糖化反应   C.糊化作用   D.老化作用

2.味觉可因另一物质的存在而加强,也可因另一物质的存在而被抑制。(   )

    A.对   B.错

3.奶粉在长期贮存中颜色变深原因在于(   )。

    A.美拉德反应   B.焦糖化反应   C.氧化变色

4.面包烘烤过程中的美拉德反应导致面包表皮损失较多的氨基酸是(   )。

    A.蛋氨酸   B.色氨酸   C.亮氨酸   D.赖氨酸

5.熔点最低,在食品烘烤中着色最快的糖是(   )。

    A.果糖   B.蔗糖   C.麦芽糖   D.葡萄糖

6.蜜蜂从植物花粉中采花蜜,主要是将(   )转化为蜂蜜中的大量转化糖。

    A.麦芽糖   B.乳糖   C.葡萄糖   D.蔗糖

7.蛋白质变质的过程称为(   )。

    A.腐败   B.酸败   C.发酵   D.失活

8.酶促褐变是酚酶催化(   )物质形成醌及其聚合物的结果。

    A.酚类   B.酮类   C.酸类   D.醇类

9.柑橘类产品中含有比较多的有机酸是(   )。

    A.苹果酸   B.柠檬酸   C.酒石酸   D.醋酸

10.(   )的酸味为柠檬酸的1.3倍,特别适用于作葡萄汁的酸味剂。

    A.苹果酸   B.酒石酸   C.乳酸   D.富马酸

11.(   )酸味温和爽快、略带涩味,主要用于可乐型饮料的生产中。

    A.柠檬酸   B.醋酸   C.磷酸   D.苹果酸

12.测定橘子的总酸度,其测定结果一般以(   )表示。

    A.柠檬酸   B.苹果酸   C.酒石酸   D.乙酸

13.(   )常被用来在评价苦味物质的苦味强度时作基准物。

    A.盐酸奎宁   B.柚皮苷   C.咖啡碱

14.为了更好地呈现味精的鲜味,需加入的调味料是(   )。

    A.醋   B.小苏打   C.柠檬汁   D.食盐

15.苏丹红是一种食用色素。(   )

    A.对   B.错

16.以下不属于食用合成色素的是(   )。

    A.苋菜红   B.姜黄素   C.柠檬黄   D.靛蓝

17.苹果切面变暗,是(　　)所致。

　　A.美拉德反应　　　　B.焦糖化反应　　　　C.氧化变色

18.茶叶中茶多酚主要成分是(　　)。

　　A.绿原酸　　　　　　B.花青素　　　　　　C.咖啡酸　　　　　　D.儿茶素

19.可见分光光度法测定茶叶中的茶多酚含量,是利用茶多酚能与(　　)形成紫蓝色络合物来测定的。

　　A.二价铁离子　　　　B.三价铁离子　　　　C.铁原子　　　　　　D.以上都是

20.医院检验病人患某种疾病的方法是将病人的尿液滴加在硫酸铜和氢氧化钠的混合溶液中,加热后有红色沉淀,说明病人尿里含有(　　)。

　　A.脂肪　　　　　　　B.葡萄糖　　　　　　C.乙酸　　　　　　　D.蛋白质

21.下列(　　)会引起果汁色素变化。

　　A.含氮量　　　　　　B.含氧量　　　　　　C.避光存放　　　　　D.冷藏

22.除(　　)外,均是影响果汁中天然色素变化的因素。

　　A.贮藏温度　　　　　B.氧含量　　　　　　C.金属离子　　　　　D.可溶性固形物

23.美拉德反应是(　　)之间的反应。

　　A.羟基与氨基　　　　B.羰基与氨基　　　　C.脂类与羰基　　　　D.还原糖与羧基

24.下列物质中不是苦味物质的是(　　)。

　　A.咖啡碱　　　　　　B.茶碱　　　　　　　C.蛇麻酮　　　　　　D.蒜素

25.食品的颜色变化都与食品中的内源酶有关,下列不是的是(　　)。

　　A.脂肪氧化酶　　　　B.葡萄糖异构酶　　　C.叶绿素酶　　　　　D.多酚氧化酶

26.美拉德反应不利的方面是导致氨基酸的损失,其中影响最大的必需氨基酸是(　　)。

　　A.赖氨酸(Lys)　　　B.苯丙氨酸(Phe)　　C.缬氨酸(Val)　　　D.亮氨酸(Leu)

27.pH 值对花色苷的热稳定性有很大的影响,在(　　)时稳定性较好。

　　A.碱性　　　　　　　B.中性　　　　　　　C.酸性　　　　　　　D.微碱性

28.氧分压与血红素的存在状态有密切关系,若想使肉品呈现红色,通常使用(　　)氧分压处理。

　　A.高　　　　　　　　B.低　　　　　　　　C.零　　　　　　　　D.饱和

29.咖啡碱、茶碱、可可碱都是(　　)类衍生物,是食品中重要的生物碱类苦味物质。

　　A.嘧啶　　　　　　　B.嘌呤　　　　　　　C.吡啶

30.贝类鲜味的主要成分是(　　)。

　　A.L-谷氨酸钠　　　　B.5′-肌苷酸　　　　C.5′-鸟苷酸　　　　D.琥珀酸一钠

31.不同动物的生肉有各自的特有气味,主要是与所含(　　)有关。

　　A.微量元素　　　　　B.碳水化合物　　　　C.蛋白质　　　　　　D.脂肪

32.(　　)是一种迟效性酸味剂,在需要时受热产生酸,用于豆腐生产作凝固剂。

　　A.醋酸　　　　　　　　　　　　　　　　　B.柠檬酸

C.苹果酸 　　　　　　　　　　　　D.葡萄糖酸-δ-内酯

33.茶叶中重要的苦味物质是(　　)。

　　A.α-酸、新陈皮苷、茶碱 　　　　　B.茶碱、咖啡碱、可可碱

　　C.α-酸、茶碱、咖啡碱 　　　　　　D.新陈皮苷、茶碱、咖啡碱

34.褐变产物除能使食品产生风味外,它本身可能具有特殊的风味或者增强其他的风味,具有这种双重作用的焦糖化产物是(　　)。

　　A.乙基麦芽酚和丁基麦芽酚 　　　　B.麦芽酚和乙基麦芽酚

　　C.愈创木酚和麦芽酚 　　　　　　　D.麦芽糖和乙基麦芽酚

35.某些肉丸中被添加的硼砂属于(　　)。

　　A.保水剂　　　　B.品质改良剂　　　　C.非食品添加剂　　　　D.都不是

36.下列色素中,可以使用酸性乙醇提取的是(　　)。

　　A.叶绿素　　　　B.花青素　　　　C.黄酮类化合物　　　　D.类胡萝卜素

37.环糊精由于内部呈非极性环境,能有效地截留非极性的(　　)和其他小分子化合物。

　　A.有色成分　　　　B.无色成分　　　　C.挥发性成分　　　　D.风味成分

38.食品中呈香物质是易挥发性的某种小分子量的物质。(　　)

　　A.对　　　　　　　B.错

39.下列天然色素中属于多酚类衍生物的是(　　)。

　　A.花青素　　　　B.血红素　　　　C.红曲色素　　　　D.虫胶色素

40.β-环状糊精具有掩盖苦味及异味的作用。(　　)

　　A.对　　　　　　　B.错

41.只有溶于水中的物质,才能产生味感。(　　)

　　A.对　　　　　　　B.错

二、简答题

1.为什么面包烘烤后具有诱人的香味和金黄的色泽?

2.为什么烹调啤酒烧鸭时,加啤酒会产生浓郁的香气?

3.下表是某食品包装袋上的说明,从表中的配料中分别选出食品添加剂填在相应的横线上。

品名	浓缩菠萝汁
配料	水、浓缩菠萝汁、蔗糖、柠檬酸、黄原胶、卡拉胶、甜蜜素、维生素 C、菠萝香精、柠檬黄、日落黄、山梨酸钾
果汁含量	≥80%
生产日期	标于包装袋封口上

其中:属于着色剂的有_____、_____;属于酸味剂的有_____。

属于甜味剂的有_____;属于防腐剂的有_____。

属于增稠剂的有_____。

4.有媒体报道不法商贩用不明液体浸泡杨梅再销售,后经执法机关调查不明液体中添加了脱氢乙酸钠(抑制霉菌繁殖,防止长毛)、甜蜜素(甜味剂)两种食品添加剂,而不法商贩提到脱氢乙酸钠可以在面包中使用、甜蜜素可以在饮料中使用。你认为不法商贩的做法存在的问题是什么?

5.挤压橘皮、橙皮或柠檬皮可将鼓气的气球发生炸裂,其原理是什么?

项目9　核酸

选择题

1.1 分子 ATP 中含有的腺苷、磷酸基团和高能磷酸键数目依次是(　　　)。

　　A.1,2,2　　　　　　　B.1,2,1　　　　　　　C.1,3,2　　　　　　　D.2,3,1

2.ATP 分子简式和 18 个 ATP 所具有的高能磷酸键数目分别是(　　　)。

　　A.A-P-P~P 和 18 个　　　　　　　　　　B.A-P~P~P 和 36 个

　　C.A~P~P 和 36 个　　　　　　　　　　　D.A~P~P~P 和 54 个

3.下列有关 DNA 变性的说法,错误的是(　　　)。

　　A.变性后生物学活性改变　　　　　　　B.变性后 3′,5′-磷酸二酯键被破坏

　　C.变性后理化性质改变　　　　　　　　D.氢键破坏成为两股单链 DNA

4.DNA 的 T_m 值较高是(　　　)核苷酸含量较高所致。

　　A.G+A　　　　　　　B.C+G　　　　　　　C.A+T　　　　　　　D.C+T

5.核酸溶液对紫外线的最大吸收峰为(　　　)。

　　A.230 nm　　　　　　B.260 nm　　　　　　C.280 nm　　　　　　D.320 nm

6.核酸中核苷酸之间的连接方式是(　　　)。

　　A.2′,3′-磷酸二酯键　　　　　　　　　　B.2′,5′-磷酸二酯键

　　C.3′,5′-磷酸二酯键　　　　　　　　　　D.氢键

7.ATP 在细胞内的含量及其生成是(　　　)。

　　A.很多,很快　　　　B.很少,很慢　　　　C.很多,很慢　　　　D.很少,很快

8.RNA 完全水解后,得到的化学物质是(　　　)。

　　A.核苷酸、五碳糖、碱基　　　　　　　　B.核苷酸、葡萄糖、碱基

　　C.核糖、磷酸、碱基　　　　　　　　　　D.脱氧核糖、磷酸、碱基

9.下列关于 DNA 结构模型的说法,正确的是(　　　)。

　　A.DNA 为三股螺旋结构　　　　　　　　B.碱基在双螺旋结构的外侧

　　C.A 与 G、C 与 T 之间有配对关系　　　D.磷酸戊糖骨架位于双螺旋结构的外侧

10.1 个葡萄糖分子有氧呼吸释放能量为 m,其中 40% 用于 ADP 转化为 ATP,若 1 个高能磷酸键所含能量为 n,则 1 个葡萄糖分子在有氧呼吸中产生 ATP 分子数为(　　　)。

A.2n/5m B.2m/5n C.n/5m D.m/5n

11.造成核酸对 260 nm 紫外光的吸收最大的基团是(　　)。

A.戊糖   B.碱基   C.磷酸   D.氢键

12.符合碱基配对规律的是(　　)。

A.A 和 T   B.G 和 G   C.A 和 C   D.C 和 T

13.已知 1 个 DNA 分子中有 1 800 个碱基对,其中胞嘧啶有 1 000 个,这个 DNA 分子中应含有的脱氧核苷酸的数目和腺嘌呤的数目分别是(　　)。

A.1 800 个和 800 个   B.1 800 个和 l800 个

C.3 600 个和 800 个   D.3 600 个和 3 600 个

14.核酸是细胞内携带遗传信息的物质,下列关于 DNA 与 RNA 特点的比较,说法正确的是(　　)。

A.在细胞内存在的主要部分相同   B.构成的戊糖不同

C.核苷酸之间的连接方式不同   D.构成的碱基相同

15.脱氧腺苷酸的缩写是(　　)。

A.dTMP   B.dAMP   C.dUMP   D.dGMP

16.在核酸中含量比较恒定的元素是(　　)。

A.氢   B.碳   C.磷   D.氮

项目 10　物质代谢

选择题

1.糖酵解过程的终产物是(　　)。

A.丙酮酸   B.葡萄糖   C.果糖   D.乳酸

2.为了使长链脂酰基从胞浆转运到线粒体内进行脂酸的 β-氧化,所需要的载体为(　　)。

A.柠檬酸   B.肉碱   C.酰基载体蛋白   D.CoA

3.1 mol 葡萄糖经有氧氧化可产生的 ATP 的摩尔数为(　　)。

A.12   B.24   C.36   D.36 或 38

4.制作泡菜、酸菜时,所用菜坛子必须密封,其原因是(　　)。

A.防止水分蒸发   B.防止菜叶萎蔫

C.防止产生的乳酸挥发   D.乳酸菌在有氧条件下发酵被抑制

5.1 分子葡萄糖在糖酵解过程中可以生成(　　)分子丙酮酸。

A.1   B.2   C.3   D.4

6.甘油三酯在体内氧化分解的主要方式是(　　)。

A.α-氧化   B.β-氧化   C.γ-氧化   D.ω-氧化

7.在厌氧条件下,会在哺乳动物肌肉组织中积累的化合物是(　　)。

A.丙酮酸   B.乙醇   C.乳酸   D.CO_2

8.在糖无氧分解中,催化葡萄糖生成6-磷酸葡萄糖的酶是(　　　　)。

    A.己糖激酶　　　　　B.葡萄糖激酶　　　　　C.磷酸化酶　　　　　D.磷酸果糖激酶

9.糖酵解是在细胞(　　　)进行的。

    A.线粒体基质上　　　B.胞液中　　　　　　C.内质网膜上　　　　　D.细胞核内

附录4　综合测试题

1.苹果榨汁后,苹果汁容易变深色,主要是(　　)所致。

　　A.美拉德反应　　　　B.酶促褐变　　　　　C.焦糖反应　　　　　D.铁生锈

2.市场上的艺术苹果(有图案或文字的苹果),是在苹果种植中,苹果未遮盖的部分显红色,而被黑色图案或文字遮盖的部分显黄色。这种说法(　　)。

　　A.正确　　　　　　　B.错误

3.在可乐中加入牛奶,往往会出现沉淀物,这些沉淀物主要是碳酸钙沉淀。这种说法(　　)。

　　A.正确　　　　　　　B.错误

4.饮品店出售的奶茶往往使用了人造奶油,人造奶油以多种植物油为原料经过(　　)反应制得,容易存在反式脂肪酸问题。

　　A.水解　　　　　　　B.氧化　　　　　　　C.氢化　　　　　　　D.皂化

5.在月饼包装中,月饼塑料托下面的纸片中装的是干燥剂。这种说法(　　)。

　　A.正确　　　　　　　B.错误

6.市场上,部分苹果外表比较光亮,是经过了打蜡处理。对苹果进行打蜡处理,主要是为了增加苹果的光泽度。这种说法(　　)。

　　A.正确　　　　　　　B.错误

7.一般挤压柑橘的(　　),容易使得气球爆炸。

　　A.果汁　　　　　　　B.果皮

8.女,40岁,喝牛奶后常出现腹痛、腹泻等症状,可建议其食用(　　)。

　　A.脱脂奶　　　　　　B.炼乳　　　　　　　C.奶粉　　　　　　　D.酸奶

9.菜肴原料先洗后切,主要是为了减少(　　)的损失。

　　A.蛋白质　　　　　　B.水溶性营养素　　　C.脂溶性维生素　　　D.脂肪

10.脂肪酸按(　　)进行分类,可分为n-3系、n-6系、n-9系。

　　A.第一个双键的位置　　　　　　　　B.脂肪酸的碳链长度

　　C.脂肪酸的饱和程度　　　　　　　　D.脂肪酸的空间结构

11.下列营养素中,不具有抗氧化作用的是(　　)。

　　A.β-胡萝卜素　　　B.维生素E　　　　　C.维生素D　　　　　D.维生素C

12.食品的 A_w (水分活度)值越大,微生物越不易繁殖,食品越不易腐败变质。(　　)

　　A.正确　　　　　　　B.错误

13.农药残留速测卡的检测原理是有机磷和氨基甲酸酯类农药对(　　)的活性有抑制作用。

　　A.靛酚　　　　　　　B.胆碱酯酶　　　　　C.靛酚乙酸酯　　　　D.以上3种物质

14.蛋中的矿物质主要集中在蛋清中。这种说法（　　　）。

    A.正确　　　　　　　　B.错误

15.与传统实验室检测相比较,现场快速检测不具备（　　　）特点。

    A.准确　　　　　　　B.灵敏　　　　　　　C.快捷　　　　　　　D.经济

16.食品快速检测技术可大大缩短检测时间,简化检测过程的样品制备和实验操作环节。（　　　）

    A.正确　　　　　　　　B.错误

17.以下哪种元素是微量元素？（　　　）

    A.铁　　　　　　　　B.钙　　　　　　　　C.磷　　　　　　　　D.硫

18.植物油熔点高常温下呈固态。（　　　）

    A.正确　　　　　　　　B.错误

19.谷类的维生素主要存在于胚乳中。（　　　）

    A.正确　　　　　　　　B.错误

20.要使面包长时间保持柔软,一般需要在配方中添加（　　　）。

    A.乳化剂　　　　　B.麦芽糖酶　　　　C.丙酸钙　　　　　D.膨大剂

21.EPA 和 DHA 都是 ω-3 脂肪酸。（　　　）

    A.对　　　　　　　　B.错

22.下列食品的变化中,属于美拉德反应的是（　　　）。

    A.长时间加热的食用油　　　　　　　B.香蕉的褐变

    C.红茶褐色成分的形成　　　　　　　D.烤面包时表皮的变色

23.厨房采购的海虾放置一段时间后,虾头变黑。下列氨基酸,与这种现象有关的是（　　　）。

    A.色氨酸　　　　　B.酪氨酸　　　　　C.蛋氨酸　　　　　D.苯丙氨酸

24.若某饮料的食品标签表示"富含膳食纤维",则该饮料膳食纤维含量至少为（　　　）。

    A.6 g/100 mL　　B.1.5 g/100 mL　　C.3 g/100 mL　　D.4.5 g/100 mL

25.下列食物富含不溶性膳食纤维的是（　　　）。

    A.全谷物　　　　　B.海藻　　　　　　C.西瓜　　　　　　D.猪肉

26.下列最能提高豆腐钙含量的是（　　　）。

    A.卤水　　　　　　B.石膏　　　　　　C.葡萄糖酸内酯　　D.硫酸钠

27.北方冬天有腌制咸肉的习惯,放到次年夏天的咸肉有"哈喇味",是由于（　　　）。

    A.肉中蛋白质腐败　　　　　　　　　B.肉中脂溶性维生素被破坏

    C.肉中油脂酸败　　　　　　　　　　D.肉中 B 族维生素被破坏

28.关于脂肪酸,下列说法不正确的是（　　　）。

    A.反式脂肪酸只存在于加工食品中　　B.脂肪酸基本是偶数碳链

    C.α-亚麻酸和亚油酸是必需脂肪酸　　D.EPA 和 DHA 属于 ω-3 系列

29.三羧酸循环从生成（　　　）开始。

    A.草酰乙酸　　B.柠檬酸　　　　C.α-酮戊二酸　　D.乙酰辅酶 CoA

30.下列膳食因素中,抑制铁吸收的是(　　　)。

    A.维生素 C　　　　　B.植酸　　　　　　　C.柠檬酸　　　　　　D.组氨酸

31.下列矿物质中属于微量元素的是(　　　)。

    ①硫;②铁;③碘;④钾;⑤锌

    A.①②④　　　　　　B.②③⑤　　　　　　C.①②③⑤　　　　D.①②③④⑤

32.制作香肠、火腿时,加入亚硝酸盐的主要目的是(　　　)。

    A.防止维生素被破坏　　　　　　　　　B.缩短腌制时间

    C.发色及抑制细菌生长　　　　　　　　D.使肉质软嫩,缩短烹调的时间

33.下列食用油的储存方法中,正确的是(　　　)。

    A.存放于灶台旁　　　　　　　　　　　B.存放于避光阴凉干燥处

    C.可以倒入新油中存放　　　　　　　　D.可用铜制或铁制的容器进行存放

34.味精的主要成分是(　　　)。

    A.谷氨酸钠　　　　　B.糊精　　　　　　　C.琥珀酸　　　　　　D.氯化钠

35.下列脂肪酸中,属于必需脂肪酸的是(　　　)。

    ①亚油酸;②棕榈酸;③油酸;④α-亚麻酸;⑤DHA

    A.①②　　　　　　　B.①④　　　　　　　C.③④⑤　　　　　　D.①④⑤

36.谷物食物含有丰富的碳水化合物,主要存在于(　　　)。

    A.胚芽　　　　　　　B.胚乳　　　　　　　C.糊粉层　　　　　　D.谷皮

37.下列烹调油中,在室温下呈固态的是(　　　)。

    A.猪油　　　　　　　B.鱼油　　　　　　　C.大豆油　　　　　　D.菜籽油

38.素食者的食品中,不宜使用下列哪种胶作为增稠剂(　　　)。

    A.明胶　　　　　　　B.卡拉胶　　　　　　C.阿拉伯胶　　　　　D.褐藻胶

39.某饼干的配料表标注为:小麦粉、食用植物油、全蛋液、麦精、碳酸氢钠、焦亚硫酸钠、食用盐、淀粉。其中碳酸氢钠是(　　　)。

    A.防腐剂　　　　　　B.膨松剂　　　　　　C.面粉处理剂　　　　D.增味剂

40.下列不属于调味品的是(　　　)。

    A.碘盐　　　　　　　B.火锅调料　　　　　C.阿斯巴甜　　　　　D.豆豉

41.茶多酚中最重要的成分是(　　　)。

    A.儿茶素　　　　　　B.黄酮类　　　　　　C.酚酸类　　　　　　D.花青素

42.面包烘烤过程中的美拉德反应导致面包表皮损失较多的氨基酸是(　　　)。

    A.蛋氨酸　　　　　　B.色氨酸　　　　　　C.亮氨酸　　　　　　D.赖氨酸

43.下述不属于大豆抗营养因素的是(　　　)。

    A.植酸　　　　　　　B.蔗糖　　　　　　　C.水苏糖　　　　　　D.棉子糖

44.碳水化合物在谷类中的主要存在形式是(　　　)。

    A.糊精　　　　　　　B.淀粉　　　　　　　C.果糖　　　　　　　D.纤维素

45.谷类中影响矿物元素吸收的主要因素是(　　　)。

    A.水苏糖　　　　　　　　　　　　　　　B.棉籽糖

C.植酸　　　　　　　　　　　　　　　　D.植物红细胞凝集素

46.鲜黄花菜引起中毒的有毒成分是(　　)。

　　A.植物血凝素　　B.皂素　　　　　C.龙葵素　　　　　D.类秋水仙碱

47.下列农药中,我国已经禁止使用的是(　　)。

　　A.有机磷农药　　　　　　　　　　　B.有机氯农药

　　C.氨基甲酸酯农药　　　　　　　　　D.拟除虫菊酯农药

48.老王晚餐吃了大量自家腌制的咸菜,出现了皮肤青紫的症状,产生这一症状的可能

原因是(　　)。

　　A.腌菜受到重金属污染　　　　　　　B.腌菜原料自身含有的有害物质

　　C.腌菜的色素　　　　　　　　　　　D.腌菜的亚硝酸盐

49.下列食品添加剂中,会对特殊体质人群造成哮喘的是(　　)。

　　A.糖精　　　　　B.亚硝酸盐　　　　C.亚硫酸盐　　　　D.抗坏血酸

50.黄曲霉毒素主要的污染的食品包括(　　)。

　　①玉米;②花生;③芹菜;④香蕉;⑤大米

　　A.①②③　　　　B.①②⑤　　　　C.②③④　　　　D.③④⑤

51.劣质白酒中主要的污染物是(　　)。

　　A.丙烯酰胺　　　B.氯丙醇　　　　C.杂环胺　　　　D.甲醇

52.蔬菜应现烧现吃,放置过久的熟蔬菜会引起(　　)。

　　A.蛋白质分解　　　　　　　　　　　B.咸度增加

　　C.亚硝酸盐增加　　　　　　　　　　D.水分减少

53.在检测肉制品中只要检测出亚硝酸盐,就可以直接判定为不合格。(　　)

　　A.正确　　　　　B.错误

54.日常烹调中,为预防四季豆中毒,应(　　)。

　　A.熟食要冷藏　　　　　　　　　　　B.烹调前用水浸泡并洗净

　　C.烹调时加醋　　　　　　　　　　　D.充分烧熟煮透

55.食用发霉的花生及玉米,可能会增加(　　)的患病风险。

　　A.肝癌　　　　　B.胃癌　　　　　C.肠癌　　　　　D.胰腺癌

56.下列产生一级致癌物多环芳烃类化合物最多的烹调方法是(　　)。

　　A.蒸　　　　　　B.炒　　　　　　C.油炸　　　　　D.清炖

57.可产生氢氰酸的制酒原料是(　　)。

　　A.大米　　　　　B.高粱　　　　　C.玉米　　　　　D.木薯

58.发芽马铃薯引起中毒的成分为(　　)。

　　A.组胺　　　　　B.龙葵素　　　　C.皂甙　　　　　D.棉酚

59.苦杏仁引起中毒的成分为(　　)。

　　A.组胺　　　　　B.龙葵素　　　　C.皂甙　　　　　D.氰苷

60.四季豆中毒的有毒成分是(　　)。

　　A.秋水仙碱　　　B.皂素　　　　　C.龙葵素　　　　D.毒蝇碱

61.街头烤羊肉串是将小块羊肉串在铁钎上,直接在炭火上烤制,这种羊肉串含量较高的是(　　)。

　　　　A.黄曲霉毒素　　　　B.苯并芘　　　　　　　C.氯丙烷　　　　　　　　D.丙烯酰胺

62.霉变甘蔗的毒性成分为3-硝基丙酸。(　　)

　　　　A.正确　　　　　　　B.错误

63.制作香肠时,常在加入亚硝酸盐的同时加入维生素C,维生素C的作用是(　　)。

　　　　A.增加香味　　　　　　　　　　　　B.防止蛋白质腐败

　　　　C.保持水分　　　　　　　　　　　　D.阻断亚硝胺合成

64.某人食用刚从送奶站送来的当日消毒牛奶后,发生腹痛、胀气、腹泻。经检查排除了微生物引起的可能性。此人在此前饮用牛奶后,也曾出现类似的情况。其最可能的原因应是该人体内缺乏(　　)。

　　　　A.蛋白酶　　　　　　B.乳糖酶　　　　　　C.蔗糖酶　　　　　　D.果糖酶

65.食用被重金属镉污染的大米,会引起(　　)。

　　　　A.水俣病　　　　　　B.黑脚病　　　　　　C.痛痛病　　　　　　D.脚气病

66.长期饮用劣质白酒可引起视力减退甚至失明,其原因是酒中甲醇含量较高。(　　)

　　　　A.正确　　　　　　　B.错误

67.下面哪种食品是有毒食品,不宜食用?(　　)

　　　　A.发芽的土豆　　　　　　　　　　　B.未彻底煮熟的四季豆

　　　　C.发霉的花生　　　　　　　　　　　D.以上都是

68.媒体曾报道一些馒头加工企业违法使用(　　)色素、玉米香精加工染色的玉米馒头,欺骗消费者,诚信缺失。

　　　　A.苋菜红　　　　　　B.日落黄　　　　　　C.柠檬黄　　　　　　D.苏丹红

69.制作蛋糕、包子、馒头中往往会使用泡打粉,很多都强调是无(　　)泡打粉。

　　　　A.铁　　　　　　　　B.碘　　　　　　　　C.铝　　　　　　　　D.铅

70.之前不法分子在饲料中添加(　　),加工假的红心鸭蛋。

　　　　A.苋菜红　　　　　　B.赤藓红　　　　　　C.苏丹红　　　　　　D.新红

71.生吃三文鱼片,口感独特,但是存在患寄生虫病的风险。(　　)

　　　　A.正确　　　　　　　B.错误

72.为了使肉制品(如中式香肠、火腿)呈现鲜红色,是允许在加工过程中添加硝酸钠与亚硝酸钠作为护色剂的。(　　)

　　　　A.正确　　　　　　　B.错误

73.在冬天低温下,超市销售的花生油往往会出现絮凝物质,这是个物理变化,可以食用。(　　)

　　　　A.正确　　　　　　　B.错误

74.利用乙烯利催熟香蕉是国家允许使用的技术。(　　)

　　　　A.正确　　　　　　　B.错误

75.2008 年的三鹿奶粉事件中,不法分子在原料乳中添加了(　　)。

　　A.甲醇　　　　　　B.甲醛　　　　　　C.三聚氰胺　　　　　　D.亚硝酸盐

76.一些地区的人们喜欢购买榨油小作坊现场机械压榨法制取的花生油(后续未经过精炼加工),认为其风味醇香,在加工过程中不添加任何化学物质,绿色健康。但是这种小作坊压榨的花生油容易存在(　　)问题。

　　A.黄曲霉毒素超标　　　　　　　　　　B.亚硝酸盐超标

　　C.农药残留超标　　　　　　　　　　　D.甲醛超标

77.一次摄入大量苦杏仁易引起中毒,是由于苦杏仁苷在体内彻底水解产生(　　)导致中毒。

　　A.葡萄糖　　　　　B.苯甲醛　　　　　C.氢氰酸　　　　　D.硫氰酸

78.日本发生的"水俣病"就是食用受(　　)污染的鱼类所致。

　　A.甲基汞　　　　　B.铅　　　　　　　C.镉　　　　　　　D.铝

79.网上有人提出,部分紫菜是用黑色塑料袋假冒生产。这种说法(　　)。

　　A.正确　　　　　　B.错误

80.甲醛是一种食品防腐剂,可以用于豆腐保鲜。这种说法(　　)。

　　A.正确　　　　　　B.错误

81.补钙的首选食物是(　　)。

　　A.豆类　　　　　　B.奶类　　　　　　C.肉类　　　　　　D.绿色蔬菜

82."克汀病"是由于母亲在妊娠期缺乏(　　)的摄入而造成的。

　　A.硒　　　　　　　B.铁　　　　　　　C.锌　　　　　　　D.碘

83.下列疾病患者中,不适宜用高纤维饮食的是(　　)。

　　A.糖尿病　　　　　　　　　　　　　　B.食管静脉曲张出血

　　C.高脂血症　　　　　　　　　　　　　D.功能性便秘

84.丁某,男,25 岁,身高 180 cm,体重 86 kg,爱好踢足球,平日喜欢喝奶茶、啤酒以及吃烧烤。因脚痛到医院就诊,经检验血尿酸 500.7 μmol/L,诊断为高尿酸血症。下列部位中,尿酸最易沉积的是(　　)。

　　A.关节　　　　　　B.心脏　　　　　　C.肝脏　　　　　　D.眼睛

85.煮鸡蛋时,如果煮的时间过长后会使蛋黄外面呈墨绿色,这是因为生成了下列哪种化合物所导致的(　　)。

　　A.硫酸铁　　　　　B.磷酸铁　　　　　C.氯化铁　　　　　D.硫化铁

86.下列碳水化合物中,最容易引起学龄前儿童龋齿的是(　　)。

　　A.淀粉　　　　　　B.低聚果糖　　　　C.木糖醇　　　　　D.蔗糖

87.下列关于可溶性膳食纤维的描述中,正确的是(　　)。

　　A.燕麦中的 β-葡聚糖不是可溶性膳食纤维

　　B.能增加血胆固醇浓度

　　C.可以促进食物胃排空的速度

　　D.可以减少肠道葡萄糖的吸收

88.在淘洗大米的过程中,反复淘洗多次会损失(　　　　)。

  A.碳水化合物 B.蛋白质   C.B 族维生素 D.纤维素

89.小徐煮粥的时候,习惯往里面加碱,这样比较黏稠,口感好。这种方法会导致(　　　　)损失明显增加。

  A.维生素 B₁ B.烟酸   C.维生素 E D.维生素 A

90.人体嘌呤代谢的终产物是(　　　　)。

  A.尿酸   B.尿素   C.乳酸   D.氨基酸

91.下列常用于糖尿病患者专用食品中的糖是(　　　　)。

  A.蔗糖   B.果糖   C.木糖醇   D.糖精

92.下列有助于膳食铁的吸收的饮料是(　　　　)。

  A.可乐   B.奶茶   C.橙汁   D.茶饮料

93.脱脂乳粉损失较多的营养素是(　　　　)。

  A.乳清蛋白 B.水溶性维生素 C.脂溶性维生素 D.乳糖

94.减少冷冻动物性食物营养损失的重要措施是(　　　　)。

  A.快速冷冻,缓慢融化   B.缓慢冷冻,快速融化

  C.长时间冷冻   D.超低温冷冻,快速融化

95.为了较大程度地保留蔬菜水果中的营养素,下列做法错误的是(　　　　)。

  A.先洗后切 B.先切后洗 C.现炒现切 D.急火快炒

96.在烹调菠菜、茭白等蔬菜时,最常用的方法是用开水烫一下再炒,其目的是去除影响铁、钙吸收的因素,该影响因素是(　　　　)。

  A.植酸   B.草酸   C.鞣酸   D.磷酸

97.大米淘洗过程中,反复淘洗,或将大米浸泡加热损失最多的营养素是(　　　　)。

  A.硫胺素 B.碳水化合物 C.蛋白质   D.核黄素

98.下列措施中会增加面食中营养素损失的是(　　　　)。

  A.做馒头时,在发酵面团中加碱 B.吃面条时连汤一起喝

  C.烙饼时,缩短所用时间   D.做油炸食品时,油温不宜过高

99.含碘丰富的食物有(　　　　)。

  ①海带;②深绿色蔬菜;③干贝;④紫菜;⑤水果

  A.①③④ B.①②③ C.①③⑤ D.②③④

100.维生素 D 缺乏易引起(　　　　)。

  A.癞皮病 B.脚气病 C.坏血病 D.佝偻病

101.维生素 A 缺乏易引起(　　　　)。

  A.癞皮病 B.脚气病 C.坏血病 D.夜盲症

102.能促进钙吸收的维生素是(　　　　)。

  A.维生素 D B.泛酸   C.维生素 A D.维生素 E

103.能促进铁吸收的维生素是(　　　　)。

  A.维生素 D B.泛酸   C.维生素 E D.维生素 C

104.膳食纤维的生理功能包括(   )。

①增强肠道功能有利于粪便排出;②控制体重和减肥;③减少肠道菌群的增殖;④降低血胆固醇;⑤预防结肠癌

    A.①③④⑤   B.①②④⑤   C.①②③⑤   D.①②③④

105.糖尿病的诊断是空腹血糖水平(   )7.0 mmol/L。

    A.大于等于   B.大于   C.小于等于   D.小于

106.糖尿病的症状包括(   )。

    A.多饮多食   B.多尿   C.消瘦   D.以上都有可能

107.大豆成分中具有雌激素样作用的成分是(   )。

    A.大豆皂苷   B.大豆异黄酮   C.大豆卵磷脂   D.大豆低聚糖

108.中国营养学会推荐正常成人膳食纤维的每日适宜摄入量为(   )。

    A.5~10 g   B.10~15 g   C.15~20 g   D.25~30 g

109.能促进钙吸收的措施是(   )。

    A.常在户外晒太阳   B.经常做理疗(热敷)

    C.多吃谷类食物   D.多吃蔬菜、水果

110.维生素C可以促进膳食铁的吸收,故缺铁性贫血患者可适当吃富含维生素C的食物。(   )

    A.正确   B.错误

111.不溶性纤维人体不能吸收和利用,因此对人体有益的只是可溶性纤维。(   )

    A.正确   B.错误

112.下列食物中,维生素A含量最丰富的是(   )。

    A.豆制品   B.蔬菜   C.牛奶   D.猪肝

113.为改善缺铁性贫血,对食品进行铁的强化,下列最适合作为载体的是(   )。

    A.果冻   B.冰激凌   C.早餐饼   D.酱油

114.下列油脂中,含反式脂肪酸最多的是(   )。

    A.橄榄油   B.花生油   C.起酥油   D.大豆油

115.下列食物的血糖生成指数最高的是(   )。

    A.酸奶   B.稀饭   C.白菜   D.鸡蛋

116.(   )是天然抗氧化物质的主要来源。

    A.粮谷类   B.深海鱼类   C.蔬菜和水果   D.山珍海味

117.《中国居民膳食指南》(2024版)建议每人每日食盐的摄入量以不超过(   )g为宜。

    A.3   B.4   C.5   D.6

118.衡量食不过量的最好指标是(   )。

    A.能量的推荐摄入量   B.体重

    C.糖尿病的发病率   D.高血脂的发生率

119.下列关于痛风的膳食营养防治中,描述不正确的是(　　　)。

 A.禁酒

 B.摄入含果糖较高的食物

 C.选择低嘌呤食物

 D.少用油炸、油煎,多采用白灼、蒸等烹饪方式

120.高血压患者应首选(　　　)。

 A.低脂膳食　　　　B.低盐膳食　　　　C.低嘌呤膳食　　　　D.低蛋白膳食

121.下列食物中,不属于低嘌呤食物的是(　　　)。

 A.鸡蛋　　　　B.牛奶　　　　C.肉汤　　　　D.猪血

122.肥胖人群增加膳食纤维摄入量的益处不包括(　　　)。

 A.增强饱腹感　　　　　　　　　　B.改善肠道菌群

 C.减少钙的丢失　　　　　　　　　D.防止能量过剩和肥胖

123.呆小症与下列哪种营养素有关?(　　　)

 A.铁　　　　B.碘　　　　C.钙　　　　D.锌

124.长期便秘会使(　　　)的发病风险升高。

 A.肝癌　　　　B.胃癌　　　　C.食管癌　　　　D.大肠癌

125.预防动脉粥样硬化应增加摄入的脂类成分为(　　　)。

 A.饱和脂肪酸　　B.不饱和脂肪酸　　C.反式脂肪酸　　D.甘油三酯

126.可降低血糖水平的食物或食物成分是(　　　)。

 A.膳食纤维　　B.高 GI 食物　　C.支链淀粉　　D.果糖

127.下列有关佝偻病防治措施的说法,错误的是(　　　)。

 A.增加户外活动,多晒太阳　　　　B.提倡母乳喂养

 C.多吃富含钙食物　　　　　　　　D.长期大量服用维生素 D 制剂

128.果汁中含有丰富的膳食纤维,糖尿病患者可以多喝。(　　　)

 A.正确　　　　B.错误

129.如果长期食用精加工的谷物,容易导致(　　　)营养素的缺乏,并可引起(　　　)相应缺乏症。(　　　)

 A.核黄素、口角炎　　　　　　　　B.抗坏血酸、维生素 C 缺乏病

 C.硫胺素、脚气病　　　　　　　　D.叶酸、舌炎

130.常温保存的酸奶与普通牛奶相比,最大的变化是(　　　)。

 A.增加了大量的益生菌　　　　　　B.蛋白质转化成了多肽

 C.脂肪氧化变酸　　　　　　　　　D.乳糖转化成了乳酸

131.某患者患有严重的甲状腺功能减退性疾病,临床表现为:身材矮小、甲状腺肿大、智力低下。该疾病可能是缺乏(　　　)引起的。

 A.硒　　　　B.铜　　　　C.锰　　　　D.碘

132.当长期缺乏以下(　　　)时,会造成营养水肿。

 A.维生素　　　　B.蛋白质　　　　C.矿物质　　　　D.脂肪

133.大豆制品与米饭同时食用在营养学上的意义是(　　　)。

    A.蛋白质互补作用　　　　　　　　B.蛋白质更大的浪费

    C.蛋白质生物价下降　　　　　　　D.蛋白质利用率下降

134.果蔬组织遭到破坏后,易发生酶促褐变。褐变过程中,是酚酶被氧化了。(　　　)

    A.对　　　　　　　B.错

135.下列氨基酸是非必需氨基酸的是(　　　)。

    A.苯丙氨酸　　　　B.赖氨酸　　　　C.酪氨酸　　　　D.亮氨酸

136.结合水是指通过(　　　)与食品中有机成分结合的水。

    A.氢键　　　　　　　　　　　　B.共价键

    C.配位键　　　　　　　　　　　D.以上说法都不对

参考文献

[1] 阚建全.食品化学[M].3 版.北京:中国农业大学出版社,2016.

[2] 谢明勇.食品化学[M].北京:化学工业出版社,2011.

[3] 王璋,许时婴,汤坚.食品化学[M].北京:中国轻工业出版社,2007.

[4] 魏强华.食品加工技术[M].2 版.重庆:重庆大学出版社,2020.

[5] 丁芳林.食品化学[M].2 版.武汉:华中科技大学出版社,2017.

[6] 贡汉坤.食品生物化学[M].北京:科学出版社,2010.

[7] 曾名湧.食品保藏原理与技术[M].2 版. 北京:化学工业出版社,2014.

[8] 谢笔钧.食品化学[M].3 版.北京:科学出版社,2018.

[9] 汪东风.食品化学[M].2 版.北京:化学工业出版社,2014.

[10] 刘用成.食品生物化学[M].北京:中国轻工业出版社,2007.

[11] 凌浩,王明跃.生物化学[M].北京:中国质检出版社,2011.

[12] 潘宁,杜克生.食品生物化学[M].3 版.北京:化学工业出版社,2018.

[13] 夏文水.食品工艺学[M].北京:中国轻工业出版社,2017.

[14] 郝涤非,杨霞.食品生物化学[M].大连:大连理工大学出版社,2011.

[15] 吴俊明.食品化学[M].北京:科学出版社,2004.

[16] 丁耐克.食品风味化学[M].北京:中国轻工业出版社,2006.

[17] 李培青.食品生物化学[M].北京:中国轻工业出版社,2007.

[18] 李秀娟.食品加工技术[M].2 版.北京:化学工业出版社,2018.

[19] 德力格尔桑.食品科学与工程概论[M].北京:中国农业出版社,2002.

[20] 陈海华,孙庆杰.食品化学[M].北京:化学工业出版社,2016.

[21] 周映艳.食品质量与安全案例分析[M].北京:中国轻工业出版社,2007.

[22] 唐劲松.食品添加剂应用与检测技术[M].北京:中国轻工业出版社,2012.

[23] 仇立亚.莲藕褐变生理及加工关键技术的研究[D].扬州:扬州大学,2008.

[24] 杨国华.功能食品学[M].成都:西南交通大学出版社,2022.

[25] 黄泽元,迟玉杰.食品化学[M].北京:中国轻工业出版社,2017.

[26] 辛嘉英.食品生物化学[M].北京:科学出版社,2019.

[27] 张忠,李凤林.食品生物化学[M].北京:中国纺织出版社,2021.

[28] 栗瑞敏,杜淑霞,林长虹.可食食品快速检测职业技能教材:高级[M].北京:化学工业出版社,2022.